小さく

分けて解く

高校入試

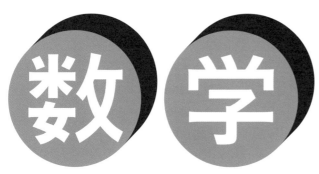

数学

JN042012

Gakken

公立高校入試
近年の出題傾向と対策

出題傾向

近年の公立高校入試は、難易度および問題量ともさほど変化はなく，安定しています。

入試では，はじめに数と式の計算などの比較的簡単な小問が出題されます。続いて，各分野の問題が大問として出題されることが多いです。都道府県によっては，問題文が長く複雑なものも出題されるようになっています。

図形 40%
数と式 24%
関数 14%
方程式 14%
確率・データ活用 8%

●数と式

計算問題は，必ず出題されます。基本的な問題が多いので，ここで確実に点をとれるようにしましょう。速く正確に計算するためには，公式を暗記するだけでなく，練習問題を数多くこなして計算に慣れておくことが大切です。また，ミスを少なくするために，解答の確かめをする習慣をつけておきましょう。

◢◣ 出題率ランキング―数と式の問題

・数と計算	98%
・式の計算	91%
・平方根	68%
・数・式の利用	67%
・式の展開	46%
・因数分解	43%

●方程式

多くの都道府県で，2次方程式が出題されます。2次方程式を解くためには，1次方程式や平方根，因数分解などの知識も必要になるため，これまでの学習内容をよく復習しておきましょう。文章題では，方程式をつくるだけでなく，それを解く過程を書かせる問題の出題が増えています。日頃から問題を解くときは，考え方の筋道を立てて，途中の計算をおろそかにしないように心がけましょう。

◢◣ 出題率ランキング―方程式の問題

・2次方程式	74%
・連立方程式の利用	41%
・連立方程式	30%
・1次方程式の利用	16%
・2次方程式の利用	13%
・1次方程式	12%

●関数

小問では，反比例の式，2直線の交点の座標，関数 $y = ax^2$ の変化の割合や変域を求める問題などがよく出題されます。大問では，放物線と直線の出題が多く，特に，座標平面上の線分の長さ，図形の面積に関する問題など，平面図形の性質や三平方の定理を利用して解くものが多いです。

●図形

図形分野は範囲が広く多様なので，まずは定理や性質をしっかり身につけましょう。計算問題では，平面図形の角度や線分の長さを求める問題，空間図形の表面積や体積を三平方の定理を使って求める問題がよく出題されます。また，相似な図形の面積比・体積比の問題も出題されているので，しっかり練習しておきましょう。証明問題では，三角形の合同や相似を，平行線の性質や円の性質とからめて証明する問題が出題されています。

●確率・データ活用

小問集合の確率の問題は，基本的なものが多いので，確実に点を取れるようにしましょう。場合の数を正確に数え上げることが大切です。資料の整理では，度数分布表や箱ひげ図を読み取る問題がよく出題されます。代表値の意味もしっかりと確認しておきましょう。また，標本調査も小問で出題されるときがあるため，忘れずに取り組んでおきましょう。

対策

❶計算力をつける … たくさん計算問題をこなし，速く正確に解けるように！
❷基礎力をつける … 教科書レベルの問題を，確実に解けるように！
❸解答力をつける … 記述問題でつまずかないよう，日頃から解答を丁寧に！
❹入試問題に慣れる … 過去の入試問題を，時間を意識して解いてみる！

【練習問題】ページ

入試レベル問題の《GOAL問題》を解くのに必要な基礎的な学習事項を，《STEP1》から順に解いて確認していきます。問題がわからないときは，ページをめくって《ココをおさえる！》のコーナーの解説を参考にしましょう。

単元番号と単元名　　　　　練習問題を解く目標時間　　　　単元の目標

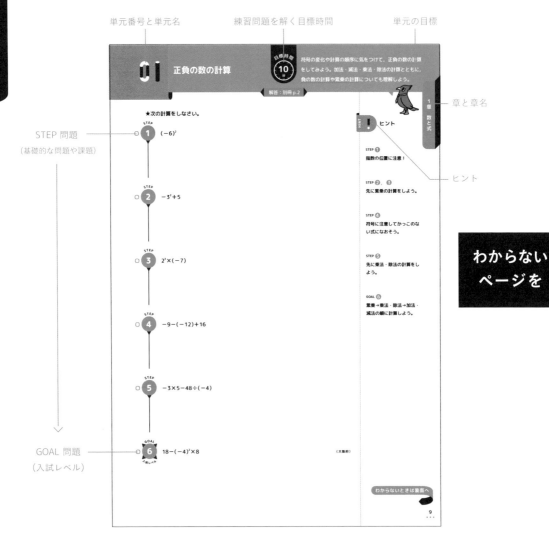

STEP 問題
（基礎的な問題や課題）

ヒント

章と章名

GOAL 問題
（入試レベル）

わからない
ページを

問題は簡単なものや基礎的なものから
順に並んでいるから無理なく解けるよ！

【ココをおさえる！】【補習問題】ページ

《ココをおさえる！》では，練習問題の《STEP 問題》と《GOAL 問題》に対応した解説をしています。また，《ポイント》では各項目の要点が簡潔にまとめてあります。

《GOAL 問題》まで解いて学習内容を理解したら，《補習問題》に挑戦しましょう。

ココをおさえる！　　　　　　　　　　　　　　　ポイント

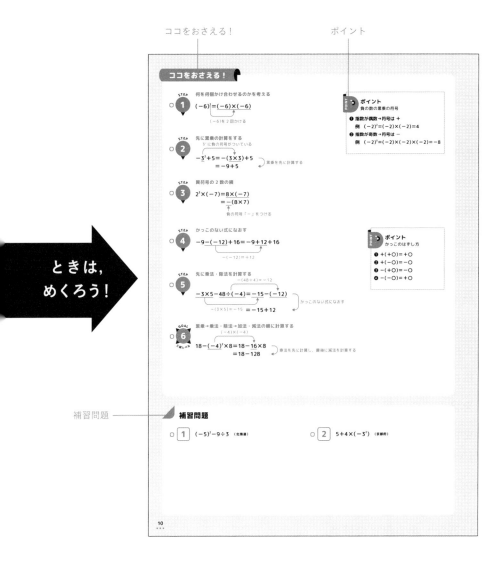

ときは，
めくろう！

【解答と解説】ページ

別冊の《解答と解説》で，《STEP 問題》《GOAL 問題》《補習問題》の
解答と解説を確認しましょう。

※入試問題について，編集上の都合により解答形式を変更したり，問題の一部を変更・省略したりしたところがあります（「改」と表記）。また，問題指示文，表記，記号などは，問題集全体の統一のため，変更したところがあります。本書に掲載した入試問題の解答・解説は，すべて当編集部で制作したものです。

もくじ

3章　関数

4章　図形

5章　確率・データ活用

01 正負の数の計算

解答：別冊 p.2

目標時間 **10**分

符号の変化や計算の順序に気をつけて，正負の数の計算をしてみよう。加法・減法・乗法・除法の計算とともに，負の数の計算や累乗の計算についても理解しよう。

★次の計算をしなさい。

STEP 1 $(-6)^2$

STEP 2 -3^2+5

STEP 3 $2^3\times(-7)$

STEP 4 $-9-(-12)+16$

STEP 5 $-3\times5-48\div(-4)$

GOAL 6 $18-(-4)^2\times8$

（大阪府）

ヒント

STEP 1
指数の位置に注意！

STEP 2, 3
先に累乗の計算をしよう。

STEP 4
符号に注意してかっこのない式になおそう。

STEP 5
先に乗法・除法の計算をしよう。

GOAL 6
累乗→乗法・除法→加法・減法の順に計算しよう。

わからないときは裏面へ

STEP 1 何を何個かけ合わせるのかを考える

$(-6)^2 = (-6) \times (-6)$

(-6)を2回かける

STEP 2 先に累乗の計算をする

3^2に負の符号がついている

$-3^2 + 5 = -(3 \times 3) + 5$
$= -9 + 5$

累乗を先に計算する

STEP 3 異符号の2数の積

$2^3 \times (-7) = 8 \times (-7)$
$= -(8 \times 7)$

負の符号「−」をつける

STEP 4 かっこのない式になおす

$-9 - (-12) + 16 = -9 + 12 + 16$

$-(-12) = +12$

STEP 5 先に乗法・除法を計算する

$-(48 \div 4) = -12$

$-3 \times 5 - 48 \div (-4) = -15 - (-12)$

$-(3 \times 5) = -15$ $= -15 + 12$

かっこのない式になおす

GOAL 6 累乗→乗法・除法→加法・減法の順に計算する

$(-4) \times (-4)$

$18 - (-4)^2 \times 8 = 18 - 16 \times 8$
$= 18 - 128$

乗法を先に計算し，最後に減法を計算する

ポイント
負の数の累乗の符号

❶ 指数が偶数→符号は ＋
  例 $(-2)^2 = (-2) \times (-2) = 4$
❷ 指数が奇数→符号は −
  例 $(-2)^3 = (-2) \times (-2) \times (-2) = -8$

ポイント
かっこのはずし方

❶ $+(+\bigcirc) = +\bigcirc$
❷ $+(-\bigcirc) = -\bigcirc$
❸ $-(+\bigcirc) = -\bigcirc$
❹ $-(-\bigcirc) = +\bigcirc$

補習問題

1 $(-5)^2 - 9 \div 3$ （北海道）

2 $5 + 4 \times (-3^2)$ （京都府）

02 分数の混じった正負の数の計算

目標時間 10分

分数の混じった正負の数の計算をしてみよう。通分や約分は基本中の基本！ 累乗や符号での計算ミスに気をつけよう。

解答：別冊 p.2

★次の計算をしなさい。

STEP 1
$-\dfrac{2}{7}+\dfrac{1}{3}$

STEP 2
$(-12)\div\dfrac{3}{4}$

STEP 3
$\dfrac{3}{2}\times\left(-\dfrac{4}{3}\right)^{2}$

STEP 4
$15\times\dfrac{2}{5}-3$

GOAL 5 入試レベル
$1-6^{2}\div\dfrac{9}{2}$

（東京都 2022）

ヒント

STEP 1
通分しよう。

STEP 2
除法は乗法になおして計算しよう。

STEP 3
累乗から計算しよう。

STEP 4
先に約分をしよう。

GOAL 5
計算の順序，分数の約分，符号に気をつけよう。

わからないときは裏面へ

ココをおさえる！

STEP 1 通分する

$$-\frac{2}{7}+\frac{1}{3}=-\frac{6}{21}+\frac{7}{21}$$ ← 通分する

STEP 2 除法は乗法になおす

$$(-12)\div\frac{3}{4}=(-12)\times\frac{4}{3}$$

逆数をかける

ポイント
分数を含む除法

除法は逆数を使って乗法になおしてから計算する。

例 $18\div\left(-\frac{3}{2}\right)=18\times\left(-\frac{2}{3}\right)$

STEP 3 先に累乗の計算をする

$$\frac{3}{2}\times\left(-\frac{4}{3}\right)^{2}=\frac{3}{2}\times\frac{16}{9}$$ ← 累乗を先に計算する

$$=\frac{\overset{1}{3}\times\overset{8}{16}}{\underset{1}{2}\times\underset{3}{9}}$$ ← 先に約分する

STEP 4 乗法・除法→加法・減法の順に計算する

$$\overset{3}{15}\times\frac{2}{\underset{1}{5}}-3=6-3$$

↑
約分

GOAL 5 累乗→乗法・除法→加法・減法の順に計算する。

入試レベル

$$1-6^{2}\div\frac{9}{2}=1-36\times\frac{2}{9}$$

$-(6\times6)$

逆数をかける　　　乗法を先に計算する

$$=1-8$$

補習問題

1 $-5^{2}+18\div\frac{3}{2}$ （千葉県）

2 $(-6)^{2}\div\left(-\frac{9}{4}\right)-6$

累乗がある文字式の計算

数や文字の乗法だけでつくられた式を単項式というぞ。
それぞれの単項式の文字の指数に注意して計算しよう。

解答：別冊 p.2

1章 数と式

★次の計算をしなさい。

STEP **1**　$a^2 \times a^3$

STEP **2**　$a^5 \div a^3$

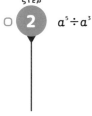

STEP **3**　$3xy^2 \times 5xy$

STEP **4**　$12a^2b^2 \div 3ab$

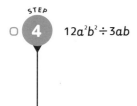

STEP **5**　$a^2b^3 \div ab^2 \times a^2$

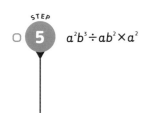

GOAL **6**　$8a^2b \div (-2a^3b^2) \times (-3a)$　　　　（高知県）

入試レベル

HINT　ヒント

STEP **1**
式を × の記号を使って表してみよう。

STEP **2**
分数の形にして約分しよう。

STEP **3**
係数の積に文字の積をかけよう。

STEP **5**
分数の形にして約分しよう。

わからないときは裏面へ

STEP 1 式を × の記号を使って表す

$$a^2 \times a^3 = \underline{a \times a} \times \underline{a \times a \times a}$$

STEP 2 分数の形にして約分する

$$a^5 \div a^3 = \dfrac{a^5}{a^3} \quad \leftarrow A \div B = \dfrac{A}{B}$$

$$= \dfrac{\overset{1}{\cancel{a}} \times \overset{1}{\cancel{a}} \times \overset{1}{\cancel{a}} \times a \times a}{\underset{1}{\cancel{a}} \times \underset{1}{\cancel{a}} \times \underset{1}{\cancel{a}}}$$

STEP 3 係数の積と文字の積に分ける

$$3xy^2 \times 5xy = 3 \times x \times y \times y \times 5 \times x \times y$$
$$= \underline{3 \times 5} \times \underline{x \times x \times y \times y \times y}$$
$$= \underline{15} \times \underline{x^2 y^3}$$

乗法の交換法則

係数の積　　文字の積

STEP 4 数は数，文字は文字で約分する

$$12a^2b^2 \div 3ab = \dfrac{12a^2b^2}{3ab}$$

$$= \dfrac{\overset{4}{\cancel{12}} \times \overset{1}{\cancel{a}} \times a \times \overset{1}{\cancel{b}} \times b}{\underset{1}{\cancel{3}} \times \underset{1}{\cancel{a}} \times \underset{1}{\cancel{b}}}$$

STEP 5 分数の形にして約分する

$$a^2b^3 \div ab^2 \times a^2 = \dfrac{a^2b^3 \times a^2}{ab^2}$$

$$= \dfrac{\overset{1}{\cancel{a}} \times a \times \overset{1}{\cancel{b}} \times \overset{1}{\cancel{b}} \times b \times a \times a}{\underset{1}{\cancel{a}} \times \underset{1}{\cancel{b}} \times \underset{1}{\cancel{b}}}$$

GOAL 6 分数の形にして約分する

入試レベル

$$8a^2b \div (-2a^3b^2) \times (-3a) = \underline{+}\dfrac{8a^2b \times 3a}{2a^3b^2}$$

符号を決める

$$= \dfrac{\overset{4}{\cancel{8}} \times \overset{1}{\cancel{a}} \times \overset{1}{\cancel{a}} \times \overset{1}{\cancel{b}} \times 3 \times \overset{1}{\cancel{a}}}{\underset{1}{\cancel{2}} \times \underset{1}{\cancel{a}} \times \underset{1}{\cancel{a}} \times a \times \underset{1}{\cancel{b}} \times b}$$

補習問題

1 $3xy^2 \div (-2x^2y) \times 4y$ （富山県）

2 $6a^2b \times ab \div 2b^2$ （新潟県）

04 分数やかっこがある 文字式の計算

目標時間 10分

分数の文字式では，通分が必要になるよ。分数の加法や減法を思い出しながら，文字のある項でもきちんと通分できるようにしよう。

解答：別冊 p.3

★次の計算をしなさい。

STEP
1 $\dfrac{a}{2} - \dfrac{a}{3}$

STEP
2 $3(4x-5)$

STEP
3 $2(3a+b)-3(2a-b)$

STEP
4 $\dfrac{1}{4} + \dfrac{a+3}{2}$

GOAL
5 $\dfrac{4x+y}{5} - \dfrac{x-y}{2}$ 入試レベル

（静岡県）

ヒント

HINT !

STEP **1**
通分しよう。

STEP **2**
分配法則を利用しよう。

STEP **3**
かっこをはずして項を整理しよう。

STEP **4**
通分してから分子を計算しよう。

わからないときは裏面へ

STEP **1** 通分する

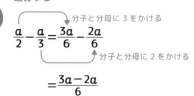

分子と分母に 3 をかける

$$\frac{a}{2} - \frac{a}{3} = \frac{3a}{6} - \frac{2a}{6}$$

分子と分母に 2 をかける

$$= \frac{3a - 2a}{6}$$

STEP **2** 分配法則を利用する

$$3(4x - 5) = \underline{3 \times 4x} + \underline{3 \times (-5)}$$

3 を $4x$，-5 にかける

ポイント
分配法則

$$a(b + c) = ab + ac$$

STEP **3** かっこをはずして同類項をまとめる

$$2(3a + b) - 3(2a - b) = 2 \times 3a + 2 \times b - 3 \times 2a - 3 \times (-b)$$ ← 分配法則を利用してかっこをはずす

$$= 6a + 2b - 6a + 3b$$

$$= 6a - 6a + 2b + 3b$$ ← 同類項をまとめる

2 を 3a, b にかける

−3 を 2a, −b にかける

STEP **4** 通分してから分子の式のかっこをはずす

分子の式にかっこをつける

$$\frac{1}{4} + \frac{a + 3}{2} = \frac{1 + 2(a + 3)}{4}$$

分子と分母に 2 をかける

GOAL **5** 入試レベル 通分してから分子の式のかっこをはずす

分子の式にかっこをつける

$$\frac{4x + y}{5} - \frac{x - y}{2} = \frac{2(4x + y) - 5(x - y)}{10}$$

$$= \frac{8x + 2y - 5x + 5y}{10}$$

かっこをはずす

分子と分母に 2 をかける

分子と分母に 5 をかける

補習問題

 1 $\dfrac{5x - y}{3} - \dfrac{x - y}{2}$　(高知県)

2 $\dfrac{3a - b}{4} - \dfrac{a - 2b}{6}$　(大阪府)

05 乗法公式を利用する式の展開①

目標時間 15分

乗法公式を理解し，式を展開するときに利用できるようになろう。どのような式にどの公式が使えるのか，判断できるようになろう。

解答：別冊 p.3

★次の式を展開しなさい。

STEP 1 $(x+1)(x-7)$

STEP 2 $(x+5)^2$

STEP 3 $(x-3)^2$

STEP 4 $(x+8)(x-8)$

STEP 5 $(x-4)^2-x(x-3)$

GOAL 6（入試レベル） $(x+1)(x-1)-(x+3)(x-8)$ （大阪府）

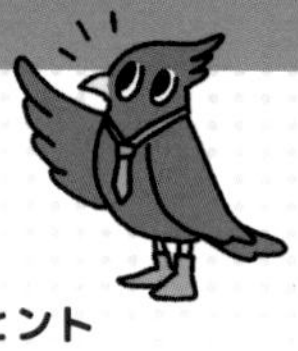

HINT ヒント

乗法公式を利用しよう。

STEP 5
式をすべて展開してから，同類項をまとめよう。

わからないときは裏面へ

STEP 1 乗法公式 $(x+a)(x+b)=x^2+(a+b)x+ab$

$(x+1)(x-7)=x^2+(1-7)x+1\times(-7)$

 ポイント
式の展開
❶ $a(b+c)=ab+ac$
❷ $(a+b)(c+d)=ac+ad+bc+bd$
乗法公式はこれをもとにしている。

 STEP 2 乗法公式 $(x+a)^2=x^2+2ax+a^2$

$(x+5)^2=x^2+2\times5\times x+5^2$

 STEP 3 乗法公式 $(x-a)^2=x^2-2ax+a^2$

$(x-3)^2=x^2-2\times3\times x+3^2$

ポイント
乗法公式
❶ $(x+a)(x+b)=x^2+(a+b)x+ab$
❷ $(x+a)^2=x^2+2ax+a^2$
❸ $(x-a)^2=x^2-2ax+a^2$
❹ $(x+a)(x-a)=x^2-a^2$

 STEP 4 乗法公式 $(x+a)(x-a)=x^2-a^2$

$(x+8)(x-8)=x^2-8^2$

 STEP 5 式をすべて展開してから，同類項をまとめる

$\underline{(x-4)^2}-x(x-3)=\underline{x^2-8x+16}-\underline{x^2+3x}$

$-x\times(-3)$

乗法公式 $(x-a)^2=x^2-2ax+a^2$

 GOAL 6 式をすべて展開してから，同類項をまとめる

乗法公式 $(x+a)(x+b)=x^2+(a+b)x+ab$

$(x+1)(x-1)-(x+3)(x-8)=x^2-1-(x^2-5x-24)$

かっこをはずす

乗法公式 $(x+a)(x-a)=x^2-a^2$ $\quad =x^2-1-x^2+5x+24$

項を並べかえて，同類項をまとめる

$=x^2-x^2+5x-1+24$

補習問題

 1 $(x-2)(x-5)-(x-3)^2$ （神奈川県）

2 $(x-4)(x-3)-(x+2)^2$ （愛媛県）

06 乗法公式を利用する式の展開②

目標時間 10分

それぞれの項を1つの文字とみて，乗法公式を利用してみよう。展開したあとは，同類項をまとめて簡単にしよう。

解答：別冊 p.4

★次の式を展開しなさい。

STEP 1 $(2x-5)(2x+9)$

STEP 2 $(3x+1)^2$

STEP 3 $(2x-3)^2$

STEP 4 $(4x+7)(4x-7)$

STEP 5 $(2x-1)^2-2(x-6)$

GOAL 6 入試レベル $(2x+1)^2-(2x-1)(2x+3)$

（愛知県・改）

ヒント

乗法公式を利用しよう。

STEP 1
$2x$ を 1 つの文字とみてみよう。

STEP 2
$3x$ を 1 つの文字とみてみよう。

STEP 3
$2x$ を 1 つの文字とみてみよう。

STEP 4
$4x$ を 1 つの文字とみてみよう。

STEP 5
展開できたら同類項をまとめよう。

わからないときは裏面へ

STEP 1　$2x$ を 1 つの文字とみて，$(x+a)(x+b)=x^2+(a+b)x+ab$ を利用する

$$(2x-5)(2x+9)=(2x)^2+(-5+9)\times 2x+(-5)\times 9$$

 POINT ポイント
乗法公式

❶ $(x+a)(x+b)=x^2+(a+b)x+ab$
❷ $(x+a)^2=x^2+2ax+a^2$
❸ $(x-a)^2=x^2-2ax+a^2$
❹ $(x+a)(x-a)=x^2-a^2$

STEP 2　$3x$ を 1 つの文字とみて，$(x+a)^2=x^2+2ax+a^2$ を利用する

$$(3x+1)^2=(3x)^2+2\times 1\times 3x+1^2$$

 STEP 3　$2x$ を 1 つの文字とみて，$(x-a)^2=x^2-2ax+a^2$ を利用する

$$(2x-3)^2=(2x)^2-2\times 3\times 2x+3^2$$

 STEP 4　$4x$ を 1 つの文字とみて，$(x+a)(x-a)=x^2-a^2$ を利用する

$$(4x+7)(4x-7)=(4x)^2-7^2$$

 STEP 5　式をすべて展開してから，同類項をまとめる

$$(2x-1)^2-2(x-6)=4x^2-4x+1-2x+12$$

$\underbrace{}$ 乗法公式 $(x-a)^2=x^2-2ax+a^2$　　$\underset{-2\times(-6)}{\underbrace{}}$

GOAL 6　入試レベル　式をすべて展開してから，同類項をまとめる

乗法公式 $(x+a)(x+b)=x^2+(a+b)x+ab$

$$(2x+1)^2-(2x-1)(2x+3)=4x^2+4x+1-(4x^2+4x-3)$$

乗法公式 $(x+a)^2=x^2+2ax+a^2$

かっこをはずす

$$=4x^2+4x+1-4x^2-4x+3$$
$$=4x^2-4x^2+4x-4x+1+3$$

項を並べかえて，同類項をまとめる

補習問題

 1　$(3x+4)(3x-4)-(3x-1)^2$

2　$(2x-3)(2x-7)-(2x-5)^2$

07 展開してから因数分解する問題

目標時間 **15** 分

因数分解の公式を正しく覚え，利用できるようになろう。
式を見て，どの公式を利用するべきか，判断できるようになろう。

解答：別冊 p.4

★次の式を因数分解しなさい。

STEP **1**　$x^2+7x+12$

STEP **2**　$x^2+8x+16$

STEP **3**　$x^2-10x+25$

STEP **4**　x^2-9

GOAL **5**　$(x+1)(x-8)+5x$ 　　（愛知県・改）

入試レベル

ヒント

STEP 1
公式
$x^2+(a+b)x+ab$
$=(x+a)(x+b)$
を利用しよう。

STEP 2
公式
$x^2+2ax+a^2=(x+a)^2$
を利用しよう。

STEP 3
公式
$x^2-2ax+a^2=(x-a)^2$
を利用しよう。

STEP 4
公式
$x^2-a^2=(x+a)(x-a)$
を利用しよう。

GOAL 5
展開してから因数分解しよう。

わからないときは裏面へ

ココをおさえる！

STEP 1 $x^2+(a+b)x+ab=(x+a)(x+b)$

和が 7，積が 12 となる 2 数を考える

$$7=3+4$$

$$x^2+\underline{7}x+12=x^2+\underline{(3+4)}x+\underset{\sim}{3\times4}$$

$$12=3\times4$$

> **ポイント**
> 因数分解の公式
> ❶ $x^2+(a+b)x+ab=(x+a)(x+b)$
> ❷ $x^2+2ax+a^2=(x+a)^2$
> ❸ $x^2-2ax+a^2=(x-a)^2$
> ❹ $x^2-a^2=(x+a)(x-a)$

STEP 2 $x^2+2ax+a^2=(x+a)^2$

$8=4\times2$，$16=4^2$ だから
$x^2+8x+16=x^2+2\times4\times x+4^2$

STEP 3 $x^2-2ax+a^2=(x-a)^2$

$10=5\times2$，$25=5^2$ だから
$x^2-10x+25=x^2-2\times5\times x+5^2$

STEP 4 $x^2-a^2=(x+a)(x-a)$

$9=3^2$
$x^2-9=x^2-3^2$

GOAL 5 展開してから因数分解する

$(x+1)(x-8)+5x=x^2-7x-8+5x$
$\qquad\qquad\qquad =x^2-2x-8$ ←展開して整理すると因数分解の公式が使える

補習問題

次の式を因数分解しなさい。

1 $(x-2)(x-6)+x$

2 $(x+2)^2-8x$

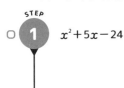

08 文字におきかえて
因数分解する問題

目標時間
15 分

複雑な因数分解ができるようになろう。共通部分は1つの文字におきかえると，因数分解の公式が利用できるようになるぞ。

解答：別冊 p.4

1章 数と式

★次の式を因数分解しなさい。

○ STEP **1**　$x^2+5x-24$

○ GOAL **2**　$(x+y)^2+7(x+y)+12$　（長崎県）

○ STEP **3**　$2x^2-24x+72$

○ STEP **4**　$3x^2-27$

○ GOAL **5**　$2(a+b)^2-8$　（大阪府）

HINT ！ ヒント

GOAL **2**
共通部分である$(x+y)$を1つの文字におきかえてみよう。

STEP **3**，**4**
共通因数でくくってみよう。

GOAL **5**
共通因数でくくってから，$(a+b)$を1つの文字におきかえてみよう。

わからないときは裏面へ

ココをおさえる！

○ **STEP 1** $x^2+(a+b)x+ab=(x+a)(x+b)$

和が 5，積が -24 となる 2 数を考える

$$5=8+(-3)$$

$$x^2+\underline{5}x-24=x^2+\{8+(-3)\}x+8\times(-3)$$

$$-24=8\times(-3)$$

○ **GOAL 2** 入試レベル

共通部分を文字におきかえる

$x+y=M$ とおく

$$(x+y)^2+7(x+y)+12=M^2+7M+12$$
$$=(M+4)(M+3)$$ ← $x^2+(a+b)x+ab=(x+a)(x+b)$

因数分解できたら，M をもとの式にもどす

○ **STEP 3** 共通因数でくくる

共通因数の 2 でくくる

$$2x^2-24x+72=2(\underline{x^2-12x+36})$$
$x^2-2ax+a^2=(x-a)^2$ を利用する

○ **STEP 4** 共通因数でくくる

共通因数の 3 でくくる

$$3x^2-27=3(\underline{x^2-9})$$
$x^2-a^2=(x+a)(x-a)$ を利用する

○ **GOAL 5** 入試レベル

共通因数でくくってから，$(a+b)$ を 1 つの文字におきかえる

共通因数の 2 でくくる

$$2(a+b)^2-8=2\underline{\{(a+b)^2-4\}}$$ ← $a+b=M$ とおく
$$=2(\underline{M^2-4})$$
$x^2-a^2=(x+a)(x-a)$ を利用

◢ 補習問題

次の式を因数分解しなさい。

○ **1** $(x+6)^2-5(x+6)-24$ （神奈川県）

○ **2** $4(2x-y)^2-64$

09 素因数分解を利用して
考える問題

目標時間
15
分

自然数を素数だけの積で表すことを素因数分解というぞ。
素数とはどんな数のことをいうのかを思い出し，素因数
分解をする問題に挑戦してみよう。

解答：別冊 p.5

1章 数と式

★次の問いに答えなさい。

 STEP 1 20 までの素数をすべて答えよ。

 STEP 2 36 を素因数分解せよ。

 STEP 3 180 を素因数分解すると，$180=2^2 \times 3^2 \times 5$ である。$180n$ の値がある自然数の 2 乗となるような自然数 n のうち，最も小さいものを求めよ。

 STEP 4 $108n$ の値が，ある自然数の 2 乗となるような自然数 n のうち，最も小さいものを求めよ。

 STEP 5 $\dfrac{150}{n}$ の値が，ある自然数の 2 乗となるような自然数 n のうち，最も小さいものを求めよ。

 GOAL 6 $\dfrac{336}{n}$ の値が，ある自然数の 2 乗となるような自然数 n のうち，最も小さいものを求めよ。

(徳島県・改)

HINT ヒント

STEP 2
素数で順にわっていこう。

STEP 3
「ある自然数を 2 乗した数」
は，素因数分解すると指数
がすべて偶数になるよ。

STEP 5
n がわる数になっているこ
とに注意しよう。

わからないときは裏面へ

STEP 1 素数を覚える

素数とは，1 以外の自然数で，1 とその数以外に約数をもたない自然数
2，3，5，7，…など

STEP 2 素数でわり，どんな数の積で表せるかを調べる

36 を，商が素数になるまでわりきれる素数で順にわっていく

$$
\begin{array}{r}
2\,)\,\underline{36} \\
2\,)\,\underline{18} \\
3\,)\,\underline{9} \\
3
\end{array}
$$
← 素数になったらやめる

> **ポイント**
> 素因数分解
>
> ❶ 素数で順にわっていく
> ❷ 商が素数になったらやめる
> ❸ 素数の積の形で表す
>
> 例　60 の素因数分解
> $$
> \begin{array}{r}
> 2\,)\,\underline{60} \\
> 2\,)\,\underline{30} \\
> 3\,)\,\underline{15} \\
> 5
> \end{array}
> $$
> ← 素数になったらやめる
>
> $60 = 2^2 \times 3 \times 5$

STEP 3 指数の意味をおさえる

指数がすべて偶数であれば，ある自然数を 2 乗した数になる
$180 = 2^2 \times 3^2 \times \underline{5}$ だから，5 も 2 乗になるようにする
指数が 2 でない

STEP 4 素因数分解して，指数に注目する

指数がすべて偶数であれば，ある自然数を 2 乗した数になる
$108 = 2 \times 2 \times 3 \times 3 \times 3$ だから，$2^2 \times \underline{3^3}$
$3^3 = 3^2 \times 3$

STEP 5 素因数分解して，指数に注目する

指数がすべて偶数であれば，ある自然数を 2 乗した数になる
$150 = 2 \times 3 \times 5 \times 5$ だから，$\underline{2} \times \underline{3} \times 5^2$
指数が 2 でない

GOAL 6 素因数分解して，指数に注目する

$$
\begin{aligned}
336 &= 2 \times 2 \times 2 \times 2 \times 3 \times 7 \\
&= \underline{2^4} \times 3 \times 7
\end{aligned}
$$
$2^4 = 2^2 \times 2^2$

補習問題

1　$84n$ の値が，ある自然数の 2 乗となるような自然数 n のうち，最も小さいものを求めよ。　　　（長野県）

10 速さに関する式の計算の問題

速さに関する問題に挑戦しよう。速さと時間，道のりの関係を理解し，それらの数量を文字を使った式で表してみよう。

解答：別冊 p.5

★次の問いに答えなさい。

STEP 1 分速 60m で 3 分間歩いたとき，進んだ道のりを求めよ。

STEP 2 分速 75m で x 分間歩いたとき，進んだ道のりを，x を使った式で表せ。

STEP 3 xm の道のりを分速 130m で走ったとき，かかった時間を，x を使った式で表せ。

STEP 4 1200m の道のりを xm 歩いた。このとき，残りの道のりを，x を使った式で表せ。

GOAL 5 家から公園までの 800m の道のりを，毎分 60m で a 分間歩いたとき，残りの道のりが bm であった。残りの道のり b を，a を使った式で表せ。 （山口県）

入試レベル

HINT ヒント

STEP 1
（道のり）＝（速さ）×（時間）で求めよう。

STEP 2, 3
文字を使った式の表し方を思い出そう。

STEP 4
全体の道のりから，進んだ道のりをひこう。

GOAL 5
歩いた道のりを文字式で表そう。

わからないときは裏面へ

ココをおさえる！

STEP 1 （道のり）＝（速さ）×（時間）

分速 60m で 3 分間歩いたから，
道のりは，<u>60</u>×<u>3</u>
　　　　　　速さ　時間

STEP 2 文字を使った式で表す

分速 75m で x 分間歩いたから，
道のりは，75×x　←（道のり）＝（速さ）×（時間）

STEP 3 文字を使った式で表す

xm の道のりを分速 130m で走ったから，
時間は，x÷130　←（時間）＝（道のり）÷（速さ）

STEP 4 残りの道のりを求める

全体の道のりから進んだ道のりをひくと，残りの道のりを求めることができる。
（残りの道のり）＝（全体の道のり）－（進んだ道のり）

GOAL 5 歩いた道のりを文字を使った式で表し，残りの道のりを求める

入試レベル

毎分 60m で a 分間歩いたから，
歩いた道のりは，**60am**　←（道のり）＝（速さ）×（時間）
　　　　　　　　　　×の記号は省略する

補習問題

1 家から駅までの道のりは 1500m である。家を出発して最初の xm は分速 60m で歩き，残りの道のりは分速 120m で走った。このとき，家から駅に到着するまでにかかった時間を，x を使った式で表せ。

11 数量の関係を不等号を使って表す問題

数量を文字を使った式で表し，それらの関係を表してみよう。等しいときは等号を，大小関係があるときは不等号を使うぞ。

解答：別冊 p.6

★次の問いに答えなさい。

STEP 1 80 円のノートを a 冊買ったときの代金を，a を使った式で表せ。

STEP 2 350 円のケーキを a 個買って，b 円の箱に詰めたときの代金を，a，b を使った式で表せ。

STEP 3 50 枚の折り紙を 1 人 3 枚ずつ x 人に配ると y 枚あまった。この数量の関係を等式で表せ。

STEP 4 1 個 $x$kg の品物 A を 6 個と，1 個 $y$kg の品物 B を 5 個合わせた重さは，30kg 以上である。この数量の関係を不等式で表せ。

GOAL 5 500 円出して，a 円の鉛筆 5 本と b 円の消しゴム 1 個を買うと，おつりがあった。この数量の関係を不等式で表せ。

(愛知県・改)

! **ヒント**

STEP 1
（1 冊の金額）×（冊数）＝（代金）

STEP 3
配った枚数とあまった枚数を考えよう。

STEP 4
「以上」だから，数量に大小の関係があることがわかるぞ。

GOAL 5
おつりがあったということから，代金の大小を考えよう。

わからないときは裏面へ

ココをおさえる！

STEP
1
数量を文字を使った式で表す

80 円のノートを a 冊買ったから,
代金は, $\underline{80 \times a}$

↑ 1 冊の金額　↑ 買った冊数

STEP
2
それぞれの代金を文字を使った式で表す

ケーキの代金は, $350 \times a = 350a$(円)
箱の代金は, b 円

STEP
3
等しい数量の関係をみつける

数量関係が等しいときは等号「＝」を使う
配った折り紙の枚数は, $3 \times x = 3x$(枚)
あまった折り紙の枚数は, y 枚
この合計が 50 枚になる。

ポイント
等号・不等号

❶ 等しい　「＝」
❷ 以上, 以下　「≧, ≦」
❸ より大きい, より小さい(未満)　「＞, ＜」

STEP
4
「以上」から大小の関係を考える

数量に大小の関係があるときは, 不等号「≧, ≦」を使う
品物 A 6 個分の重さは, $6 \times x = 6x$(kg)
品物 B 5 個分の重さは, $5 \times y = 5y$(kg)
この合計 $6x + 5y$ が 30 以上になる。

GOAL
5
入試レベル
「おつりがあった」から大小の関係を考える

おつりがあった→出した金額より代金の合計のほうが小さい
鉛筆 5 本の代金は, $5 \times a = 5a$(円)
消しゴム 1 個の代金は, $b \times 1 = b$(円)
この合計が, 500 円より小さい。

補習問題

1 1000 円で, 1 個 a 円のクリームパン 5 個と 1 個 b 円のジャムパン 3 個を買うことができる。ただし, 消費税は考えないものとする。この数量の関係を不等式で表せ。

(茨城県・改)

12 平方根の性質の問題

平方根の性質について理解を深めよう。a の平方根は2つあることや，平方根の性質，平方根の大小関係などをしっかり理解しておこう。

解答：別冊 p.6

★次の問いに答えなさい。

STEP 1
$\sqrt{7}$ について誤っているものをア～ウから1つ選べ。
ア　$\sqrt{7}$ は7の平方根である。
イ　$\sqrt{7}$ を2乗すると7になる。
ウ　7の平方根は $\sqrt{7}$ だけである。

STEP 2
$\sqrt{4}=2$ であることを利用して，2，$\sqrt{5}$ の大小関係を表せ。

STEP 3
3，$\sqrt{7}$ の大小関係を表せ。

STEP 4
n を自然数とするとき，$2<\sqrt{n}<3$ を満たす n をすべて答えよ。

GOAL 5
入試レベル
$4<\sqrt{n}<5$ を満たす自然数 n の個数を求めよ。　　　（石川県）

HINT！ ヒント

STEP 1
2乗すると a になる数が a の平方根だぞ。

STEP 3
$n=\sqrt{n^2}$ を利用して，大小関係を考えよう。

STEP 4
$2=\sqrt{2^2}$，$3=\sqrt{3^2}$ と変形して，n に入る自然数を考えよう。

わからないときは裏面へ

STEP 1 a の平方根

2 乗すると a になる数が a の平方根
a の平方根は，$+\sqrt{a}$ と $-\sqrt{a}$ の 2 つある。（$a > 0$）

 POINT ポイント
平方根の性質

$a > 0$ のとき
❶ $(\sqrt{a})^2 = a$
❷ $(-\sqrt{a})^2 = a$
❸ $\sqrt{a^2} = a$
❹ $\sqrt{(-a)^2} = a$

 STEP 2 平方根の大小

a，b がともに自然数のとき，$a < b$ ならば，$\sqrt{a} < \sqrt{b}$

 STEP 3 平方根の性質

a が自然数のとき，$a = \sqrt{a^2}$
$3 = \sqrt{3^2} = \sqrt{9}$ だから，9 と 7 の大小関係を考える。

 STEP 4 平方根の性質

$2 = \sqrt{2^2} = \sqrt{4}$
$3 = \sqrt{3^2} = \sqrt{9}$
だから，$4 < n < 9$ となる自然数 n を考える。

GOAL 5 平方根の性質
入試レベル

$4 = \sqrt{4^2} = \sqrt{16}$
$5 = \sqrt{5^2} = \sqrt{25}$
だから，$16 < n < 25$ となる自然数 n を考える。

補習問題

1 $5 < \sqrt{n} < 6$ を満たす自然数 n の個数を求めよ。 （京都府）

13 根号を含む式の計算

解答：別冊 p.6

目標時間 **15** 分

根号を含む式の計算では，$\sqrt{\ }$ の中を簡単にすることや，分母の有理化をすることが重要だぞ。しっかり練習しよう。

★次の問いに答えなさい。

STEP 1
$2\sqrt{3} + 3\sqrt{3}$ を計算せよ。

STEP 2
$\sqrt{2} \times \sqrt{3}$ を計算せよ。

STEP 3
$\sqrt{24}$ を $a\sqrt{b}$ の形にせよ。

GOAL 4
$4\sqrt{5} + \sqrt{20}$ を計算せよ。 （北海道）

STEP 5
$\dfrac{12}{\sqrt{6}}$ の分母を有理化せよ。

GOAL 6
$\sqrt{75} - \dfrac{9}{\sqrt{3}}$ を計算せよ。 （高知県）

 ヒント

STEP ①
$\sqrt{\ }$ の中の数が同じときは，同類項と同じように考えられるぞ。

STEP ②
$\sqrt{\ }$ の中の数どうしをかけよう。

STEP ③
$\sqrt{\ }$ の中の数を素因数分解するといいぞ。

GOAL ④
$\sqrt{\ }$ の中の数が同じになるようにしてみよう。

STEP ⑤
分母にある根号のついた数を，分母と分子にかけてみよう。

GOAL ⑥
分母を有理化してから計算しよう。

わからないときは裏面へ

ココをおさえる！

STEP 1

$$m\sqrt{a} + n\sqrt{a} = (m+n)\sqrt{a}$$
$$2\sqrt{3} + 3\sqrt{3} = (2+3)\sqrt{3}$$

STEP 2

$$\sqrt{a} \times \sqrt{b} = \sqrt{ab}$$
$$\sqrt{2} \times \sqrt{3} = \sqrt{2 \times 3}$$

STEP 3

$$\sqrt{a^2 b} = a\sqrt{b}$$
$$\sqrt{24} = \sqrt{2^2 \times 2 \times 3}$$
$$= \sqrt{2^2 \times 6} \quad \leftarrow 2 \text{ 乗になった「2」は、} \sqrt{} \text{ の外に出せる}$$

GOAL 4 入試レベル

$\sqrt{}$ の中の数を同じにする
$$4\sqrt{5} + \sqrt{20} = 4\sqrt{5} + 2\sqrt{5}$$

STEP 5

分母の有理化
$$\frac{12}{\sqrt{6}} = \frac{12 \times \sqrt{6}}{\sqrt{6} \times \sqrt{6}} \quad \leftarrow \text{分母にある根号のついた数を、分母と分子にかける}$$

GOAL 6 入試レベル

分母の有理化 → $\sqrt{}$ の中の数を同じにする
$$\sqrt{75} - \frac{9}{\sqrt{3}} = 5\sqrt{3} - \frac{9 \times \sqrt{3}}{\sqrt{3} \times \sqrt{3}} \quad \leftarrow \text{分母の有理化}$$
$$= 5\sqrt{3} - 3\sqrt{3} \quad \leftarrow \sqrt{} \text{ の中の数を同じにする}$$

ポイント
根号を含む式の計算

❶ 加法… $m\sqrt{a} + n\sqrt{a} = (m+n)\sqrt{a}$
❷ 減法… $m\sqrt{a} - n\sqrt{a} = (m-n)\sqrt{a}$
❸ 乗法… $\sqrt{a} \times \sqrt{b} = \sqrt{ab}$ $(a>0, b>0)$
❹ 除法… $\sqrt{a} \div \sqrt{b} = \sqrt{\dfrac{a}{b}}$ $(a>0, b>0)$

ポイント
根号がついた数の変形

❶ $a\sqrt{b} = \sqrt{a^2 b}$ $(a>0, b>0)$
例 $2\sqrt{3} = \sqrt{2^2 \times 3} = \sqrt{12}$
❷ $\sqrt{a^2 b} = a\sqrt{b}$ $(a>0, b>0)$
例 $\sqrt{18} = \sqrt{3^2 \times 2} = 3\sqrt{2}$

ポイント
分母の有理化

$$\frac{a}{\sqrt{b}} = \frac{a \times \sqrt{b}}{\sqrt{b} \times \sqrt{b}} = \frac{a\sqrt{b}}{b}$$

分母の根号をはずすことで、
加法や減法ができる。

補習問題

★次の計算をせよ。

1 $\sqrt{54} - 2\sqrt{6}$ （佐賀県）

2 $\dfrac{42}{\sqrt{7}} + \sqrt{63}$ （静岡県）

I4. 根号を含む式を展開する問題

目標時間 **15**分

根号を含む式を，分配法則や乗法公式を利用して計算しよう。乗法では，√ の中を簡単にすることを忘れないように気をつけよう。

解答：別冊 p.7

★次の計算をしなさい。

 STEP 1 $\sqrt{32}+\sqrt{12}\times\sqrt{24}$

 STEP 2 $\sqrt{5}(\sqrt{5}-\sqrt{10})$

 STEP 3 $(\sqrt{7}+2)(\sqrt{7}-3)$

 STEP 4 $(\sqrt{2}-3)^2+\sqrt{8}$

 GOAL 5 入試レベル $(\sqrt{3}+1)^2-\dfrac{6}{\sqrt{3}}$

（長崎県）

 ヒント

STEP 1
√ の中を簡単にしてから計算しよう。

STEP 2
分配法則を利用しよう。

STEP 3，4
乗法公式を利用しよう。

GOAL 5
分母の有理化もしておこう。

わからないときは裏面へ

STEP 1 $\sqrt{}$ の中を簡単にしてから計算する

$$\sqrt{32}+\sqrt{12}\times\sqrt{24}=4\sqrt{2}+2\sqrt{3}\times2\sqrt{6} \quad \leftarrow \sqrt{} \text{の中を簡単にすると計算が簡単になる}$$
$$=4\sqrt{2}+4\sqrt{18} \quad \leftarrow 4\sqrt{18}=4\sqrt{3^2\times2}$$
$$=4\sqrt{2}+12\sqrt{2}$$

STEP 2 分配法則

$$\sqrt{5}(\sqrt{5}-\sqrt{10})=\sqrt{5}\times\sqrt{5}-\sqrt{5}\times\sqrt{10} \quad \leftarrow \text{分配法則を利用する}$$

STEP 3 乗法公式

$$(\sqrt{7}+2)(\sqrt{7}-3)=(\sqrt{7})^2+(2-3)\sqrt{7}+2\times(-3) \quad \leftarrow (x+a)(x+b)=x^2+(a+b)x+ab$$
$$=7-\sqrt{7}-6$$

STEP 4 乗法公式

$$(x-a)^2=x^2-2ax+a^2$$
$$(\sqrt{2}-3)^2+\sqrt{8}=(\sqrt{2})^2-2\times3\times\sqrt{2}+3^2+2\sqrt{2}$$
$$=2-6\sqrt{2}+9+2\sqrt{2}$$
$$\uparrow \sqrt{8}=2\sqrt{2}$$

GOAL 5 入試レベル 乗法公式

$$(x+a)^2=x^2+2ax+a^2$$
$$(\sqrt{3}+1)^2-\frac{6}{\sqrt{3}}=(\sqrt{3})^2+2\times1\times\sqrt{3}+1^2-2\sqrt{3}$$
$$=3+2\sqrt{3}+1-2\sqrt{3}$$
$$\uparrow \text{分母の有理化}$$

補習問題

★次の計算をせよ。

1 $\sqrt{3}(\sqrt{15}+\sqrt{3})-\dfrac{10}{\sqrt{5}}$ （大阪府）

2 $(2\sqrt{5}+1)(2\sqrt{5}-1)+\dfrac{\sqrt{12}}{\sqrt{3}}$ （愛媛県）

★次の方程式を解きなさい。

 STEP **1** $4x+3=x-9$

 GOAL **2** $5x-7=9(x-3)$ （東京都 2022）

 GOAL **3** $x:12=3:2$ （大阪府）

 STEP **4** $-0.5x-0.4=0.6$

 STEP **5** $\frac{3}{2}x-3=2x$

 GOAL **6** $\frac{2x+4}{3}=4$ （秋田県）

ヒント

STEP **1**
文字のある項を左辺に，数だけの項を右辺に移項しよう。

GOAL **2**
かっこをはずして整理しよう。

GOAL **3**
比例式の性質
$a:b=c:d$ ならば，$ad=bc$ を使って，方程式の形にしよう。

STEP **4**，**5**
両辺に同じ数をかけて係数を整数にしよう。

GOAL **6**
分母の数を両辺にかけて分母をはらおう。

 わからないときは裏面へ

STEP 1 移項して両辺を x の係数でわる

$$4\underline{x+3}=\underline{x}-9$$ 移項する
$$4x\underset{\sim}{-}x=\underline{-9-3}$$
$$3x=-12$$

両辺を x の係数 3 でわって x を求める。

GOAL 2 入試レベル　分配法則でかっこをはずし，式を整理する

$$5x-7=9(x-3)$$ 分配法則
$$5\underline{x-7}=9x-27$$ 移項する
$$5x\underset{\sim}{-}9x=\underline{-27+7}$$
$$-4x=-20$$

GOAL 3 入試レベル　$a:b=c:d$ ならば，$ad=bc$ を使って，方程式の形にする

$$x:12=3:2$$
$$x\times2=12\times3$$ $ad=bc$

STEP 4 両辺を 10 倍して係数を整数にする

$$-0.5x-0.4=0.6$$ すべての項を 10 倍する
$$-5x-4=6$$ 移項する
$$-5x=6+4$$

STEP 5 両辺を 2 倍して係数を整数にする

$$\frac{3}{2}x-3=2x$$ すべての項を 2 倍する
$$3x-6=4x$$ 移項する
$$3x-4x=6$$

GOAL 6 入試レベル　両辺を 3 倍して分母をはらう

$$\frac{2x+4}{3}=4$$ 両辺を 3 倍する
$$2x+4=12$$

ポイント
等式の性質

$A=B$ ならば
❶ $A+C=B+C$
❷ $A-C=B-C$
❸ $AC=BC$
❹ $\dfrac{A}{C}=\dfrac{B}{C}$ $(C\neq0)$

ポイント
比例式の性質

$a:b=c:d$ ならば，$ad=bc$
例　$x:12=5:3$
$$x\times3=12\times5$$
$$3x=60$$
$$x=20$$

補習問題

次の方程式を解け。

 1 $3(2x-5)=8x-1$ （福岡県）

2 $3:8=x:40$ （沖縄県）

3 $0.16x-0.08=0.4$ （京都府）

連立方程式の問題

連立方程式では係数をそろえて加減法で解く問題がよく出るぞ。係数が小数や分数のときは，係数を整数になおしてから加減法を使おう。

解答：別冊 p.8

★次の問いに答えなさい。

STEP **1** 連立方程式 $\begin{cases} x+3y=2 \\ y=3x+4 \end{cases}$ を解け。

STEP **2** 連立方程式 $\begin{cases} 2x+3y=4 \\ x-2y=-5 \end{cases}$ を解け。

GOAL **3** 入試レベル　連立方程式 $\begin{cases} 4x-3y=10 \\ 3x+2y=-1 \end{cases}$ を解け。（埼玉県2022）

STEP **4** 連立方程式 $\begin{cases} 0.6x+0.2y=0.8 \\ 0.1x-0.2y=1.3 \end{cases}$ を解け。

GOAL **5** 入試レベル　連立方程式 $\begin{cases} 0.2x+0.8y=1 \\ \dfrac{1}{2}x+\dfrac{7}{8}y=-2 \end{cases}$ を解け。（神奈川県）

HINT ！ ヒント

STEP **1**
上の式の y に下の式を代入しよう。

STEP **2**
下の式の両辺に 2 をかけると，加減法が使えるぞ。

GOAL **3**
係数の絶対値をそろえよう。

STEP **4**
両辺を 10 倍して係数を整数にしよう。

GOAL **5**
分母の最小公倍数を両辺にかけると分母が消えるぞ。

わからないときは裏面へ

STEP 1 代入法で解く

$$\begin{cases} x+3y=2 \cdots ① \\ y=3x+4 \cdots ② \end{cases}$$

②を①に代入して y を消去する

$$x+3(3x+4)=2$$

POINT ポイント

代入法

一方の式を他方の式に代入して，1つの文字を消去して解く。

STEP 2 係数の絶対値をそろえる

$$\begin{cases} 2x+3y=4 \cdots ① \\ x-2y=-5 \cdots ② \end{cases}$$

①－②×2で x を消去する

$$\begin{array}{r} 2x+3y=4 \\ -)\ 2x-4y=-10 \\ \hline 7y=14 \end{array}$$

GOAL 3 入試レベル 係数の絶対値をそろえる

$$\begin{cases} 4x-3y=10 \cdots ① \\ 3x+2y=-1 \cdots ② \end{cases}$$

①×2＋②×3で y を消去する

$$\begin{array}{r} 8x-6y=20 \\ +)\ 9x+6y=-3 \\ \hline 17x\quad\ =17 \end{array}$$

STEP 4 両辺を10倍して係数を整数にする

$$\begin{cases} 0.6x+0.2y=0.8 \cdots ① \\ 0.1x-0.2y=1.3 \cdots ② \end{cases}$$ ①，②それぞれ両辺を10倍して， $$\begin{cases} 6x+2y=8 \cdots ①' \\ x-2y=13 \cdots ②' \end{cases}$$

GOAL 5 入試レベル 係数を整数にする

$$\begin{cases} 0.2x+0.8y=1 \cdots ① \\ \dfrac{1}{2}x+\dfrac{7}{8}y=-2 \cdots ② \end{cases}$$ ①×10，②×8して， $$\begin{cases} 2x+8y=10 \cdots ①' \\ 4x+7y=-16 \cdots ②' \end{cases}$$

補習問題

次の連立方程式を解け。

1
$$\begin{cases} 5x+2y=4 \\ 3x-y=9 \end{cases}$$ （岐阜県）

2
$$\begin{cases} x+y=9 \\ 0.5x-\dfrac{1}{4}y=3 \end{cases}$$ （秋田県）

17 連立方程式をつくって解く問題

目標時間 **15**分

与えられた式を，自分で連立方程式の形にまとめなおすパターンもあるぞ。式の意味をよく考えていこう。加減法や代入法を使って x と y の値を求められるぞ。

解答：別冊 p.9

★次の問いに答えなさい。

○ **STEP 1** 方程式 $2x+y=3x-y=4$ を連立方程式の形にせよ。

○ **GOAL 2** 方程式 $3x-2y=-x+4y=5$ を解け。　　　（北海道）

○ **STEP 3** x についての方程式 $2x-a=-2x+5$ の解が 3 であるとき，a の値を求めよ。

○ **GOAL 4** 連立方程式 $\begin{cases} ax+by=-11 \\ bx-ay=-8 \end{cases}$ の解が $x=-6$，$y=1$ であるとき，a，b の値を求めよ。　　　（茨城県）

 ヒント

STEP 1
$A=B=C$ は，
$\begin{cases} A=B \\ B=C \end{cases}$
などの形に変形できるぞ。

GOAL 2
連立方程式の形にして解こう。

STEP 3
x についての方程式の解とは，x の値のことだぞ。

GOAL 4
x と y の値をそれぞれの式に代入しよう。

わからないときは裏面へ

ココをおさえる！

STEP 1 式を 2 つに分け，連立方程式の形にする

$2x+y$ と $3x-y$ のどちらも 4 に等しいことから，

$$\begin{cases} 2x+y=4 \\ 3x-y=4 \end{cases}$$ と表すことができる。

> **POINT ポイント**
> $A=B=C$ の形の式
>
> $A=B=C$ の形の式は，次のいずれかの形に変形する。
> $$\begin{cases} A=C \\ B=C \end{cases} \quad \begin{cases} A=B \\ B=C \end{cases} \quad \begin{cases} A=B \\ A=C \end{cases}$$

GOAL 2 入試レベル　式を 2 つに分け，加減法で解く

$3x-2y$ と $-x+4y$ のどちらも 5 に等しいことから，

$$\begin{cases} 3x-2y=5 & \cdots① \\ -x+4y=5 & \cdots② \end{cases}$$ と表すことができる。

① ×2＋ ② で y を消去する

$$\begin{array}{r} 6x-4y=10 \\ +)\ -x+4y=5 \\ \hline 5x=15 \end{array}$$ 絶対値をそろえる

STEP 3 解を式に代入して a についての方程式をつくる

x の値 3 を式に代入すると，

$2×3-a=-2×3+5$

$\quad 6-a=-6+5$

GOAL 4 入試レベル　x と y の値を式に代入して a，b についての連立方程式をつくる

$x=-6$，$y=1$ を式に代入すると，

$$\begin{cases} -6a+b=-11 & \cdots① \\ -6b-a=-8 & \cdots② \end{cases}$$

項の並びを変えて① － ② ×6 で a を消去する

$$\begin{array}{r} -6a+b=-11 \\ -)\ -6a-36b=-48 \\ \hline 37b=37 \end{array}$$ 絶対値をそろえる

補習問題

1 方程式 $x-16y+10=5x-14=-8y$ を解け。　　　　　　　　（大阪府）

2 連立方程式 $\begin{cases} ax+by=10 \\ bx-ay=5 \end{cases}$ の解が $x=2$，$y=1$ であるとき，a，b の値を求めよ。　　（神奈川県）

18 因数分解を利用する 2次方程式

目標時間 **15** 分

2次方程式を解くには，まず式を因数分解して積だけの形にしてみよう。式を文字におきかえると因数分解しやすくなるパターンの問題もあるぞ。

解答：別冊 p.9

 ヒント

★次の 2 次方程式を解きなさい。

STEP
○ **1** $(x-4)(x-2)=0$

○ GOAL **2** $x^2-7x+12=0$ （滋賀県）

STEP
○ **3** $(x-3)(x+2)=4x$

○ GOAL **4** $(x-1)^2-7(x-1)-8=0$ （大阪府）

STEP ❶

かけて0になるということは，どちらかが0になるということだぞ。

GOAL ❷

左辺を因数分解してみよう。

STEP ❸

展開して式を整理してみよう。

GOAL ❹

共通部分を1つの文字におきかえてみよう。

わからないときは裏面へ

ココをおさえる！

STEP
1

$(x-a)(x-b)=0$ ならば，$x=a$ または，$x=b$

$(x-4)(x-2)=0$ だから，
$x-4=0$ または，$x-2=0$

 ポイント
因数分解を利用した 2 次方程式の解き方

$(x-a)(x-b)=0$ ならば，
$x=a$ または，$x=b$

GOAL
2
入試レベル

左辺を因数分解する

$x^2-7x+12=0$
$(x-3)(x-4)=0$
$x-3=0$ または，$x-4=0$

$x^2+(a+b)x+ab=(x+a)(x+b)$
$(x-a)(x-b)=0$ ならば，$x=a$ または，$x=b$

STEP
3

展開して式を整理する

$(x-3)(x+2)=4x$
$x^2-x-6=4x$
$x^2-5x-6=0$
$(x+1)(x-6)=0$

左辺を展開する
移項して整理する
$x^2+(a+b)x+ab=(x+a)(x+b)$

GOAL
4
入試レベル

共通因数を文字におきかえる

$x-1=M$ とおく
$M^2-7M-8=0$
$(M-8)(M+1)=0$
$(x-1-8)(x-1+1)=0$
$(x-9)x=0$

$x^2+(a+b)x+ab=(x+a)(x+b)$
因数分解できたら，M をもとの式にもどす

補習問題

次の 2 次方程式を解け。

1 $x^2+6x-16=0$ （富山県）

2 $(2x+1)^2-7(2x+1)=0$ （埼玉県 2021）

★次の問いに答えなさい。

STEP 1 2次方程式 $x^2-3=0$ を解け。

STEP 2 2次方程式 $(x-4)^2=36$ を解け。

GOAL 3 2次方程式 $(x-2)^2-5=0$ を解け。 （長崎県）

STEP 4 2次方程式 $ax^2+bx+c=0$ の解を求めよ。

GOAL 5 2次方程式 $2x^2+5x-2=0$ を解け。 （三重県）

！ ヒント

STEP 1
$x^2=a$ の形にしよう。

STEP 2
平方根を利用して解こう。

GOAL 3
移項して $(x-a)^2=b$ の形にしよう。

STEP 4
解の公式を確認しよう。

GOAL 5
解の公式を利用して解を求めよう。

わからないときは裏面へ

STEP 1 平方根を利用して2次方程式を解く

a の平方根は$\pm\sqrt{a}$だから，

$x^2-3=0$

$x^2=3$ 　移項する

ポイント
平方根を利用する2次方程式

❶ $x^2=a$ 　→ $x=\pm\sqrt{a}$

❷ $ax^2=b$ 　→ $x=\pm\sqrt{\dfrac{b}{a}}$

❸ $(x+a)^2=b$ → $x=-a\pm\sqrt{b}$

STEP 2 平方根を利用して2次方程式を解く

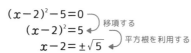

$(x-4)^2=36$ 　平方根を利用する

$x-4=\pm6$

$x=6+4,\ -6+4$ 　-4 を移項して計算する

GOAL 3 移項してから平方根を利用する

入試レベル

$(x-2)^2-5=0$

$(x-2)^2=5$ 　移項する

$x-2=\pm\sqrt{5}$ 　平方根を利用する

STEP 4 解の公式

2次方程式 $ax^2+bx+c=0$ の解は，$x=\dfrac{-b\pm\sqrt{b^2-4ac}}{2a}$

ポイント
2次方程式の解の公式

$ax^2+bx+c=0(a\neq0)$の解は，

$x=\dfrac{-b\pm\sqrt{b^2-4ac}}{2a}$

GOAL 5 解の公式を利用して2次方程式を解く

入試レベル

左辺が因数分解できないときは，解の公式を利用する。

$2x^2+5x-2=0$ だから，解の公式に，$a=2$，$b=5$，$c=-2$ を代入する。

補習問題

次の2次方程式を解け。

1 $(x-5)^2-12=0$

2 $5x^2+4x-1=0$ （愛媛県）

20 連立方程式を使って解く文章題

目標時間 15分

数量のわからない2つのものを x, y とおいて，連立方程式をつくろう。数量の関係を，文字を使った2通りの式で表してみよう。

解答：別冊 p.10

★次の文章を読んで，あとの問いに答えなさい。

あるスーパーマーケットでは，唐揚げ弁当とエビフライ弁当を，それぞれ 20 個ずつ販売している。エビフライ弁当 1 個の定価は，唐揚げ弁当 1 個の定価より 50 円高い。エビフライ弁当は，すべて売り切れたが，唐揚げ弁当が売れ残りそうだったので，唐揚げ弁当 10 個を定価の 5 割引にしたところ，2 種類の弁当をすべて売り切ることができた。その結果，2 種類の弁当の売り上げの合計は，15000 円となった。

（和歌山県・改）

ヒント

STEP 1
エビフライ弁当の定価は唐揚げ弁当より何円高いのかを読み取ろう。

STEP 2
5 割引だから，定価を 1 とすると，売値は 1 − 0.5 だね。

STEP 3
定価の 5 割引で売った弁当の個数を考えよう。

STEP 5
2 種類の弁当の売り上げの合計は 15000 円だぞ。

GOAL 6
STEP 1 で立てた式と STEP 5 で立てた式を連立方程式として解こう。

○ **STEP 1** 唐揚げ弁当 1 個の定価を x 円，エビフライ弁当 1 個の定価を y 円とするとき，x と y の関係を式で表せ。

○ **STEP 2** 唐揚げ弁当 1 個の定価を x 円とするとき，定価の 5 割引の値段を，x を使った式で表せ。

○ **STEP 3** 20 個ある定価 x 円の唐揚げ弁当を，定価で 10 個売り，残りを定価の 5 割引で売ったとき，唐揚げ弁当の売り上げの合計を，x を使った式で表せ。

○ **STEP 4** 定価 y 円のエビフライ弁当を 20 個売ったとき，エビフライ弁当の売り上げの合計を，y を使った式で表せ。

○ **STEP 5** 2 種類の弁当をすべて売り切ったとき，2 種類の弁当の売り上げの合計について，x と y の関係を式で表せ。

○ **GOAL 6** 唐揚げ弁当 1 個とエビフライ弁当 1 個の定価はそれぞれいくらか，求めよ。

わからないときは裏面へ

STEP 1　2種類の弁当の定価の関係

エビフライ弁当1個の定価は，唐揚げ弁当1個の定価より50円高い。
唐揚げ弁当の定価が x 円，エビフライ弁当の定価が y 円だから，
$x+50=y$

STEP 2　定価の5割引の値段

定価の5割引だから，
売値は，$x×(1-0.5)=0.5x$（円）

POINT　**ポイント**
割合の表し方

1割　→　$\dfrac{1}{10}$

1%　→　$\dfrac{1}{100}$

STEP 3　唐揚げ弁当の売り上げの合計

20個のうち，10個は定価で売ったので，
定価の5割引で売った個数は，20-10=10（個）
よって，唐揚げ弁当の売り上げの合計は，
$x×10+0.5x×10=10x+5x$
$\qquad\qquad\qquad\quad=15x$（円）

STEP 4　**STEP 5**　2種類の弁当の売り上げの合計についての数量の関係

エビフライ弁当は20個売れたので，
エビフライ弁当の売り上げの合計は，$y×20=20y$（円）
2種類の弁当の売り上げの合計は15000円だから，
$15x+20y=15000$

GOAL 6　入試レベル　2つの式を連立方程式として解く

2種類の弁当の定価について表した式，$x+50=y$
2種類の弁当の売り上げの合計について表した式，$15x+20y=15000$
この2式を連立方程式として解く。

補習問題

1　ある市にはA中学校とB中学校の2つの中学校があり，昨年度の生徒数は2つの中学校を合わせると1225人であった。今年度の生徒数は昨年度に比べ，A中学校で4%増え，B中学校で2%減り，2つの中学校を合わせると4人増えた。このとき，A中学校の昨年度の生徒数を x 人，B中学校の昨年度の生徒数を y 人として連立方程式をつくり，昨年度の2つの中学校のそれぞれの生徒数を求めよ。　　　（栃木県）

21 2次方程式を使って解く 文章題

数量の関係を文字を使った式で表し，2次方程式として解いてみよう。解が2個出てきたときは，解が題意を満たしているかも考えよう。

解答：別冊 p.11

★次の文章を読んで，あとの問いに答えなさい。

三角形と長方形がある。三角形は高さが底辺の長さの 3 倍であり，長方形は横の長さが縦の長さよりも 2cm 長い。

（佐賀県・改）

STEP 1 三角形の底辺が $a$cm のとき，高さは何 cm か，求めよ。

STEP 2 三角形の底辺が $a$cm のとき，面積は何 cm^2 か，求めよ。

STEP 3 長方形の縦の長さが $b$cm のとき，横の長さは何 cm か，求めよ。

STEP 4 長方形の縦の長さが $b$cm のとき，面積は何 cm^2 か，求めよ。

STEP 5 この三角形の底辺の長さと長方形の縦の長さがどちらも $x$cm のとき，それぞれの面積が等しくなった。このとき，三角形と長方形の面積についての関係を，x を使った式で表せ。

GOAL 6 三角形の底辺の長さと，長方形の縦の長さが等しいとき，三角形の面積が長方形の面積より 6cm^2 大きくなった。このとき，三角形の底辺の長さを求めよ。

HINT ヒント

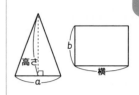

STEP 1
底辺の長さの何倍なのかを文章から読み取ろう。

STEP 2
三角形の面積
$= \frac{1}{2} \times$ 底辺 $\times$ 高さ

STEP 3
縦の長さと横の長さの関係を文章から読み取ろう。

STEP 4
長方形の面積 ＝ 縦 $\times$ 横

GOAL 6
三角形と長方形の面積を，それぞれ x を使って表し，面積についての関係を式にしよう。

わからないときは裏面へ

STEP **1** 底辺と高さの関係を読み取る

○ 三角形は高さが底辺の長さの 3 倍
底辺が $a$cm だから，高さは，$a×3＝3a$(cm)

STEP **2** 三角形の面積

○ 底辺が $a$cm，高さが $3a$cm だから，

面積は，$\dfrac{1}{2}×a×3a＝\dfrac{3}{2}a^2$(cm^2)

STEP **3** 縦の長さと横の長さの関係を文章から読み取る

○ 長方形は横の長さが縦の長さよりも 2cm 長い
縦の長さが $b$cm だから，横の長さは，$b＋2$(cm)

STEP **4** 長方形の面積

○ 縦の長さが $b$cm，横の長さが $b＋2$(cm)だから，
面積は，$b(b＋2)＝b^2＋2b$(cm^2)

GOAL **6** 三角形と長方形の面積についての関係
入試レベル

○ 三角形の底辺を $x$cm とすると，

三角形の面積は，$\dfrac{3}{2}x^2$cm^2

長方形の面積は，$x^2＋2x$(cm^2)
三角形の面積が長方形の面積より 6cm^2 大きいから，

$\dfrac{3}{2}x^2＝x^2＋2x＋6$

これを x についての 2 次方程式として解く。

◢ **補習問題**

 1 連続する 2 つの自然数がある。この 2 つの自然数の積は，この 2 つの自然数の和より 55 大きい。このとき，
連続する 2 つの自然数を求めよ。

（新潟県）

22 比例や反比例の式をつくって対応する値を求める問題

解答：別冊 p.11

目標時間 15分

比例や反比例の式を求めて，その式を使って，x の値や y の値を求めよう。比例の式は $y=ax$，反比例の式は $y=\dfrac{a}{x}$ だぞ。

★次の問いに答えなさい。

STEP 1 $y=ax$ で，$x=-2$ のとき $y=6$ である。このとき，a の値を求めよ。

STEP 2 y は x に比例し，$y=-9x$ である。$x=-\dfrac{1}{3}$ のときの y の値を求めよ。

GOAL 3 y は x に比例し，$x=-3$ のとき $y=18$ である。$x=-\dfrac{1}{2}$ のときの y の値を求めよ。 （青森県）

STEP 4 $y=\dfrac{a}{x}$ で，$x=-4$ のとき $y=3$ である。このとき，a の値を求めよ。

STEP 5 y は x に反比例し，$y=-\dfrac{15}{x}$ である。$x=5$ のときの y の値を求めよ。

GOAL 6 y は x に反比例し，$x=-9$ のとき $y=2$ である。$x=3$ のときの y の値を求めよ。 （兵庫県）

ヒント

STEP 1 $y=ax$ に，x と y の値を代入しよう。

STEP 2 比例の式に x の値を代入しよう。

GOAL 3 比例の式をつくってから，x の値を代入するよ。

STEP 4 $y=\dfrac{a}{x}$ に，x と y の値を代入しよう。

STEP 5 反比例の式に x の値を代入しよう。

GOAL 6 反比例の式をつくってから，x の値を代入するよ。

わからないときは裏面へ

STEP 1 比例定数を求める

$y＝ax$ に，$x＝-2$，$y＝6$ を代入する。

$\underline{6}＝\underline{-2}a$
　y の値　x の値

STEP 2 比例の式から y の値を求める

比例の式に x の値を代入する。

$y＝-9×\left(\underline{-\dfrac{1}{3}}\right)$
　　　　　x の値

GOAL 3 入試レベル　比例の式を求めてから y の値を求める

y は x に比例しているので，式を $y＝ax$ とおく。
$x＝-3$ のとき $y＝18$ だから，$\underline{18}＝\underline{-3}a$ より，$a＝-6$
　　　　　　　　　　　　　　y の値　x の値

STEP 4 比例定数を求める

$y＝\dfrac{a}{x}$に，$x＝-4$，$y＝3$ を代入する。

$\underline{3}＝\dfrac{a}{\underline{-4}}$
y の値　x の値

POINT ポイント
反比例の式

$y＝\dfrac{a}{x}$　a は比例定数$(a≠0)$

STEP 5 反比例の式から y の値を求める

反比例の式に x の値を代入する。

$y＝-\dfrac{15}{\underline{5}}$
　　　x の値

GOAL 6 入試レベル　反比例の式を求めてから y の値を求める

y は x に反比例しているので，式を $y＝\dfrac{a}{x}$ とおく。

$x＝-9$ のとき $y＝2$ だから，$\underline{2}＝\dfrac{a}{\underline{-9}}$より，$a＝-18$
　　　　　　　　　　　　　　y の値　x の値

補習問題

1 y は x に比例し，$x＝2$ のとき $y＝-6$ である。$x＝3$ のときの y の値を求めよ。　（北海道）

2 y は x に反比例し，$x＝5$ のとき $y＝4$ である。$x＝-10$ のときの y の値を求めよ。　（和歌山県）

23 反比例の関係を使って解く文章題

目標時間 15分

反比例の関係を使って文章題を解いてみよう。反比例の式 $y=\dfrac{a}{x}$ にわかっている値を代入して，比例定数を求めよう。

解答：別冊 p.12

★次の問いに答えなさい。

STEP 1

下の表で，y は x に反比例している。比例定数を求めよ。

x	$\cdots$	30	40	50	$\cdots$
y	$\cdots$	40	30	24	$\cdots$

STEP 2

y は x に反比例していて，比例定数は 800 である。y を x の式で表せ。

STEP 3

関数 $y=\dfrac{180}{x}$ について，$x=60$ のときの y の値を求めよ。

STEP 4

面積が 240cm^2 の長方形の縦の長さを $x$cm，横の長さを $y$cm とする。$y=15$ のとき x の値を求めよ。

GOAL 5

電子レンジで食品を加熱するとき，電子レンジの出力を xW，最適な加熱時間を y 秒とすると，y は x に反比例することがわかっている。あるコンビニエンスストアで販売されている弁当には図のようなラベルが貼ってある。このとき，図の中の □ に当てはまる最適な加熱時間を求めよ。

最適な加熱時間	
500W	3 分 00 秒
600W	
1500W	1 分 00 秒

（長野県）

ヒント

STEP 1

反比例の比例定数 a は，$a=xy$ の式で求められるよ。

STEP 2

反比例の式は，$y=\dfrac{a}{x}$ だよ。

STEP 3

$x=60$ を代入して，y の値を求めよう。

STEP 4

x と y は反比例の関係にあるね。$xy=240$ だよ。

GOAL 5

まずは，比例定数を求めてみよう。

わからないときは裏面へ

比例定数を求める

反比例の式を $y=\dfrac{a}{x}$ とおくと，比例定数 $a=xy$

$a=30\times40$

反比例の式を求める

反比例の式を $y=\dfrac{a}{x}$ とおく。

比例定数は 800 だから，$a=800$ を代入する。

反比例の式から y の値を求める

$y=\dfrac{180}{x}$ に，$x=60$ を代入する。

$y=\dfrac{180}{60}$

反比例の式から x の値を求める

長方形の面積＝縦の長さ×横の長さ
だから，縦の長さと横の長さは反比例の関係にある。

$y=\dfrac{240}{x}$ に，$y=15$ を代入する。

$15=\dfrac{240}{x}$

反比例の式を求めてから y の値を求める

反比例の式を $y=\dfrac{a}{x}$ とおいて，$x=500$，$y=180$ を代入する。

$180=\dfrac{a}{500}$ より，$a=90000$

反比例の式は $y=\dfrac{90000}{x}$ だから，この式に $x=600$ を代入する。

補習問題

1 電子レンジで食品 A を調理するとき，電子レンジの出力を xW，食品 A の調理にかかる時間を y 分とすると，y は x に反比例する。電子レンジの出力が 500W のとき，食品 A の調理にかかる時間は 8 分である。電子レンジの出力が 600W のとき，食品 A の調理にかかる時間は，何分何秒であるかを求めよ。（岐阜県・改）

24. 2点を通る直線の式を求める問題

直線の式を求める問題はよく出るぞ。直線の式が求められるようになったら，求めた直線上の点の座標を求める練習もしてみよう。

解答：別冊 p.12

★次の問いに答えなさい。

 STEP 1 右の図で，点 A は，直線 $y=-2x+12$ と x 軸との交点である。このとき，点 A の座標を求めよ。

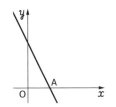

STEP 2 直線 $y=-3x-7$ と直線 $y=x+5$ の交点の座標を求めよ。

 STEP 3 傾きが -2 で，点 $(-2, 5)$ を通る直線の式を求めよ。

STEP 4 直線 $y=3x+4$ に平行で，点 $(2, 3)$ を通る直線の式を求めよ。

 GOAL 5 2 点 $(-1, 1)$，$(2, 7)$ を通る直線の式を求めよ。 （新潟県）

 GOAL 6 右の図のように，2 点 A(3, 4)，B(0, 3) がある。直線㋐は 2 点 A，B を通り，直線㋑は関数 $y=3x-5$ のグラフである。点 C は直線㋑と x 軸の交点である。このとき，2 点 B，C を通る直線の式を求めよ。

（秋田県・改）

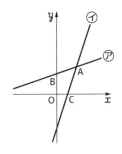

ヒント

STEP 1
x 軸上の点の座標は，y 座標が 0 だよ。

STEP 2
2 直線の式を連立方程式として解いたときの解が，交点の座標になるよ。

STEP 3
直線の式を $y=-2x+b$ とおいて，通る点の座標を代入しよう。

STEP 4
平行な 2 直線の傾きは等しいよ。

GOAL 5
直線の式を $y=ax+b$ とおき，2 点の座標を代入して，a, b の連立方程式として解こう。

GOAL 6
まず，㋑の式に $y=0$ を代入して，点 C の座標を求めよう。

わからないときは裏面へ

STEP 1 直線と x 軸との交点の座標を求める

x 軸上の点は y 座標が 0 だから，直線の式に $y=0$ を代入する。

$\underset{y\,座標}{\underline{0}}=-2x+12$

STEP 2 2 直線の交点の座標を求める

2 直線の式を連立方程式として解く。

$$\begin{cases} y=-3x-7 \\ y=x+5 \end{cases}$$

$\underset{代入法}{\underline{-3x-7=x+5}}$ より，$\underset{交点の\,x\,座標}{\underline{x=-3}}$

STEP 3 直線の式を求める

求める直線の式を $y=-2x+b$ とおく。

点(−2，5)を通るから，直線の式に代入して，$\underset{y\,座標の値}{\underline{5}}=-2\times\underset{x\,座標の値}{(\underline{-2})}+b$

STEP 4 平行な直線の式を求める

平行な 2 直線は傾きが等しい。

求める直線の式を $y=3x+b$ とおく。

点(2，3)を通るから，直線の式に代入して，$\underset{y\,座標の値}{\underline{3}}=3\times\underset{x\,座標の値}{\underline{2}}+b$

GOAL 5 〔入試レベル〕 2 点を通る直線の式を求める

求める直線の式を $y=ax+b$ とおいて，2 点の座標を代入する。

$$\begin{cases} 1=-a+b \\ 7=2a+b \end{cases}$$

GOAL 6 〔入試レベル〕 2 点を通る直線の式を求める

点Cは，直線⑦上の点だから，グラフの式に $y=0$ を代入して点Cの座標を求める。

$0=3x-5$ より，$x=\dfrac{5}{3}$　←点Cの座標は$\left(\dfrac{5}{3},\ 0\right)$

補習問題

1 2 点(6，12)，(−2，8)を通る直線の式を求めよ。

2 Aは 2 点(−3，−8)，(1，4)を通る直線上の点で，x 座標が 3 である。このとき，点Aの y 座標を求めよ。

（愛知県・改）

25 方程式のグラフをかく問題

解答：別冊 p.13

目標時間 **15** 分

2元1次方程式のグラフをかいてみよう。グラフは直線になるので，傾きと切片がわかればグラフをかくことができるぞ。

★次の問いに答えなさい。

 STEP 1 $3x+4y+12=0$ を y について解け。

 STEP 2 次のア～エの直線のうち，傾きが -2 で切片が 5 であるものを記号で答えよ。
ア　$y=-2x-5$　　イ　$y=-2x+5$
ウ　$y=2x+5$　　エ　$y=2x-5$

 STEP 3 右の図で，関数 $y=2x-3$ のグラフをア～エの中から選び，記号で答えよ。

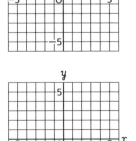

 STEP 4 関数 $y=\dfrac{1}{2}x+3$ のグラフをかけ。

 GOAL 5 方程式 $2x+3y=-6$ のグラフをかけ。（秋田県）

ヒント

STEP 1
左辺を y だけにして，その他は右辺に移項しよう。

STEP 2
$y=ax+b$ の a が傾き，b が切片だ。

STEP 3
y 軸との交点が切片だぞ。

STEP 4
まず，y 軸上に切片の座標をかきこもう。

GOAL 5
方程式を y について解き，傾きと切片を求めよう。

わからないときは裏面へ

ココをおさえる！

STEP 1 $ax+by+c=0$ を y について解く

$3x+4y+12=0$

$4y=-3x-12$ ⟵ 移項する

ポイント
2 元 1 次方程式のグラフ

2 元 1 次方程式
$ax+by+c=0$（a, b, c は定数）
のグラフは直線である。

STEP 2 直線の傾きと切片

直線の式 $y=ax+b$ では，a は傾き，b は切片を表す。

STEP 3 関数 $y=ax+b$ のグラフ

関数 $y=2x-3$ のグラフは，傾きが 2，切片が -3 だから，
点$(0, -3)$と，点$(0, -3)$から右へ 1，上へ 2 移動した点を通る。

STEP 4 関数 $y=ax+b$ のグラフをかく

切片が 3 だから，点$(0, 3)$を通る。

傾きが $\dfrac{1}{2}$ だから，点$(0, 3)$から右へ 2，上へ 1 移動した点を通る。

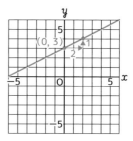

GOAL 5 入試レベル 方程式 $ax+by+c=0$ のグラフをかく

$2x+3y=-6$

$3y=-2x-6$ ⟵ 移項する

$y=-\dfrac{2}{3}x-2$ $y=ax+b$ の形にする

      傾き   切片

補習問題

1 方程式 $4x+5y-20=0$ のグラフをかけ。

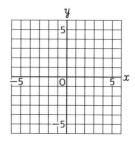

26 関数 $y=ax^2$ の変化の割合を使った問題

解答：別冊 p.14

目標時間 **15**分

関数 $y=ax^2$ の変化の割合を求めるためには，x の増加量と y の増加量を求めないといけないぞ。変化の割合は一定ではないことに注意しよう。

★次の問いに答えなさい。

STEP 1
右の図で，点 A は関数 $y=\dfrac{1}{2}x^2$ のグラフ上にあり，その x 座標は -4 である。点 A の座標を求めよ。

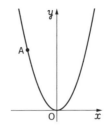

STEP 2
右の図で，点 A は関数 $y=ax^2$ のグラフ上にあり，点 A の座標は A$(3，-3)$ である。a の値を求めよ。

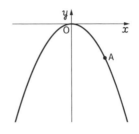

STEP 3
関数 $y=3x^2$ で，x の値が 1 から 3 まで増加するときの y の増加量を求めよ。

GOAL 4
関数 $y=2x^2$ で，x の値が 2 から 5 まで増加するときの変化の割合を求めよ。
（岐阜県）

STEP 5
関数 $y=x^2$ について，x の値が a から $a+4$ まで増加するときの変化の割合が 10 である。このとき，a の値を求めよ。

GOAL 6
関数 $y=ax^2$ について，x の値が 1 から 4 まで増加するときの変化の割合が -3 であった。このとき，a の値を求めよ。
（神奈川県）

HINT ヒント

STEP 1
関数の式に $x=-4$ を代入しよう。

STEP 2
関数の式に $x=3，y=-3$ を代入しよう。

STEP 3
$x=1，x=3$ をそれぞれ代入しよう。

GOAL 4
変化の割合 $=\dfrac{y \text{ の増加量}}{x \text{ の増加量}}$ だよ。

STEP 5
変化の割合を求める式にあてはめて，a についての方程式をつくろう。

わからないときは裏面へ

STEP 1 $y=ax^2$ のグラフ上の点の座標を求める

$y=\dfrac{1}{2}x^2$ のグラフ上の点の x 座標を式に代入する。

点 A の x 座標は -4 だから，$y=\dfrac{1}{2}\times(-4)^2$

STEP 2 $y=ax^2$ のグラフ上の点の座標から a の値を求める

点 A の座標は $(3,\ -3)$ だから，

$\underset{y\,座標の値}{\underline{-3}}=a\times\underset{x\,座標の値}{\underline{3}}{}^{2}$

$-3=9a$

STEP 3 y の増加量を求める

$x=1$ のときの y の値は，$3\times1^2=3$
$x=3$ のときの y の値は，$3\times3^2=27$
y の増加量は，$27-3$

GOAL 4 入試レベル 変化の割合を求める

$変化の割合=\dfrac{y\,の増加量}{x\,の増加量}=\dfrac{2\times5^2-2\times2^2}{5-2}$

ポイント
変化の割合

$変化の割合=\dfrac{y\,の増加量}{x\,の増加量}$

STEP 5 変化の割合を求める式にあてはめて，a についての方程式をつくる

$\dfrac{y\,の増加量}{x\,の増加量}=\dfrac{(a+4)^2-a^2}{a+4-a}=10$

GOAL 6 入試レベル 変化の割合を求める式にあてはめて，a についての方程式をつくる

$\dfrac{y\,の増加量}{x\,の増加量}=\dfrac{16a-a}{4-1}=-3$

補習問題

1 関数 $y=-\dfrac{1}{2}x^2$ について，x の値が 2 から 6 まで増加するときの変化の割合を求めよ。 （京都府）

2 関数 $y=ax^2$ について，x の値が 3 から 7 まで増加するときの変化の割合が 8 であった。このとき，a の値を求めよ。

27 関数 $y=ax^2$ の変域を使った問題

目標時間 15分

関数 $y=ax^2$ の変域で，x の変域に0を含むときは，最大値と最小値のどちらかが0になることに注意しよう。

解答：別冊 p.14

★次の問いに答えなさい。

STEP 1 関数 $y=x^2$ について，x の変域が $1 \leqq x \leqq 4$ のときの y の変域を求めよ。

STEP 2 関数 $y=\dfrac{1}{2}x^2$ について，x の変域が $-2 \leqq x \leqq 4$ のときの y の変域を求めよ。

STEP 3 関数 $y=-\dfrac{1}{3}x^2$ について，x の変域が $-3 \leqq x \leqq 6$ のときの y の変域を求めよ。

GOAL 4 関数 $y=3x^2$ について，x の変域が $a \leqq x \leqq 1$ のとき，y の変域は $0 \leqq y \leqq 12$ である。このとき，a の値を求めよ。 （高知県）

入試レベル

GOAL 5 関数 $y=ax^2$ について，x の変域が $-2 \leqq x \leqq 3$ のとき，y の変域は $-36 \leqq y \leqq 0$ である。このとき，a の値を求めよ。 （埼玉県 2021）

入試レベル

HINT **ヒント**

STEP 1
$x=1$，$x=4$ に対応する y の値を求めよう。

STEP 2
グラフが上に開いていて，x の変域に 0 を含むとき，最小値は 0 になるぞ。

STEP 3
グラフが下に開いていて，x の変域に 0 を含むとき，最大値は 0 になるぞ。

GOAL 4
グラフは上に開いていて，最小値が 0 だから，x の変域には 0 が含まれているぞ。

GOAL 5
x の変域に 0 を含んでいて，最大値が 0 だから，$a < 0$ だぞ。

3章 関数

わからないときは裏面へ

STEP 1 $y=ax^2$ の y の変域を求める

$y=x^2$ のグラフは上に開いた**放物線**だから，
$x=1$ に対応する y の値が**最小値**
$x=4$ に対応する y の値が**最大値**

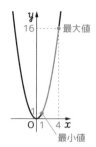

STEP 2 x の変域に 0 を含むときの y の変域を求める

$a>0$ のとき，
$y=ax^2$ の最小値は，$x=0$ のときの 0 になる。
最大値は，絶対値が大きい $x=4$ のときだから，
$$y=\frac{1}{2}\times 4^2=8$$

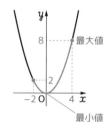

STEP 3 x の変域に 0 を含むときの y の変域を求める

$a<0$ のとき，
$y=ax^2$ の最大値は，$x=0$ のときの 0 になる。
最小値は，絶対値が大きい $x=6$ のときだから，
$$y=-\frac{1}{3}\times 6^2=-12$$

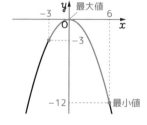

GOAL 4 入試レベル　y の変域から x の変域を求める

$x=a$ のとき，$y=3\times a^2=3a^2$
$x=1$ のとき，$y=3\times 1^2=3$　←これは最大値ではない
よって，$x=a$ のときに最大値 $y=12$ になるから，$3a^2=12$

GOAL 5 入試レベル　変域から関数の式を求める

y の最小値は負の値だから，グラフは下に開いた放物線。
絶対値が大きいほうの x が最小値に対応するから，
y の最小値 -36 に対応するのは $x=3$
$-36=a\times 3^2=9a$

補習問題

1 関数 $y=-2x^2$ について，x の変域が $a\leqq x\leqq 2$ のとき，y の変域は $-18\leqq y\leqq 0$ である。このとき，a の値を求めよ。

2 関数 $y=ax^2$ について，x の変域が $-3\leqq x\leqq 1$ のとき，y の変域は $0\leqq y\leqq 1$ である。このとき，a の値を求めよ。
(滋賀県)

28 座標平面上にある三角形の面積を求める問題

座標平面上にある三角形の面積を求めるときは，三角形の底辺と高さが座標軸に平行になるように考えてみよう。

解答：別冊 p.15

★次の問いに答えなさい。

ヒント

STEP 1
関数 $y=x^2$ のグラフ上の点において，x 座標が -3 のときの y 座標を求めよ。

STEP 1
$y=x^2$ にグラフ上の点の x 座標を代入しよう。

STEP 2
2 点 $(-6,\ 3)$, $(8,\ 10)$ を通る直線と，y 軸との交点の y 座標を求めよ。

STEP 2
$y=ax+b$ に 2 点の座標を代入して連立方程式をつくろう。

STEP 3
右の図で A$(0,\ 5)$, B$(0,\ -1)$, C$(4,\ 1)$ のとき，△ABC の面積を求めよ。

STEP 3
AB を底辺としたとき，どこが高さになるかを考えよう。

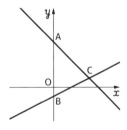

GOAL 4
底辺と高さがわかる 2 つの三角形に分けて考えよう。

GOAL 4 入試レベル
右の図のように，関数 $y=ax^2$ $(a>0)$ のグラフ上に 2 点 A, B があり，点 A の x 座標は -4，点 B の x 座標は 2 である。また，直線 AB と y 軸との交点を C とする。$a=1$ のとき，△OAB の面積を求めよ。

（徳島県・改）

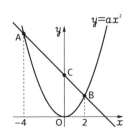

わからないときは裏面へ

STEP
1
グラフ上の点の座標を求める

x 座標が -3 だから，
$y=x^2$ に $x=-3$ を代入する。
$y=(-3)^2$

STEP
2
直線の切片を求める

直線と y 軸との交点は，直線の切片である。
直線の式を $y=ax+b$ とおき，2 点の座標を代入すると，
$$\begin{cases} 3=-6a+b \cdots ① \\ 10=8a+b \cdots ② \end{cases}$$
①，②を連立方程式として解く。

STEP
3
三角形の底辺と高さを見つける

底辺を AB とすると，
△ABC の高さは 4　←点 C の x 座標の絶対値

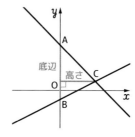

GOAL
4
入試レベル
2 つの三角形に分けて面積を求める

△OAB は，△OAC と△OBC に分けることができる。
底辺を OC とすると，
△OAC の高さは 4　←点 A の x 座標の絶対値
△OBC の高さは 2　←点 B の x 座標の絶対値

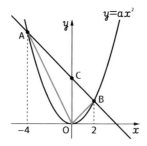

補習問題

1 関数 $y=\dfrac{1}{2}x^2 \cdots ①$ のグラフ上に 2 点 A，B があり，その x 座標はそれぞれ，
-2，4 である。△OAB の面積を求めよ。
（島根県・改）

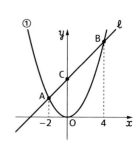

29 座標平面上の三角形から考える問題

目標時間 **15** 分

座標平面上にある三角形の面積を利用する問題はよく出るぞ。面積が等しい2つの三角形を考えるときは，底辺や高さが共通していないかどうかに着目しよう。

解答：別冊 p.15

★次の文章を読んで，あとの問いに答えなさい。

右の図のように，関数 $y=x^2$ のグラフ上に 2 点 A，B があり，2 点 A，B の x 座標がそれぞれ -4，2 である。関数 $y=x^2$ のグラフ上に x 座標が正である点 P をとる。直線 AP と x 軸との交点を Q とすると，△OPA の面積は△OPQ の面積と等しくなった。 （沖縄県・改）

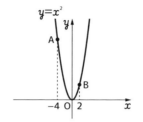

STEP 1 点 A の y 座標を求めよ。

STEP 2 点 P の x 座標を t とするとき，点 P の y 座標を t を使って表せ。

STEP 3 △OQA と△OPQ の面積の比を求めよ。

GOAL 4 点 P の座標を求めよ。

ヒント

条件に合うような点 P と点 Q をとると，次の図のようになるぞ。

STEP 1 関数の式に $x=-4$ を代入しよう。

STEP 2 関数の式に $x=t$ を代入して，文字を使った式で表してみよう。

STEP 3 △OQA＝△OPA＋△OPQ だぞ。

GOAL 4 △OQA と△OPQ は，底辺を OQ とすると高さの比が面積の比になるぞ。

わからないときは裏面へ

グラフ上の点の座標を求める

点 A の x 座標は -4 だから，
$y=x^2$ に $x=-4$ を代入する。
$y=(-4)^2$

グラフ上の点の座標を文字を使った式で表す

$y=x^2$ に $x=t$ を代入する。
$y=t^2$

$\triangle$OQA と $\triangle$OPQ の面積の比を求める

$\triangle$OQA＝$\triangle$OPA＋$\triangle$OPQ で，
$\triangle$OPA の面積と $\triangle$OPQ の面積は等しい。

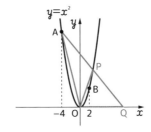

底辺が共通な三角形として，点 P の座標を求める

$\triangle$OQA と $\triangle$OPQ は，底辺を OQ とすると高さの比が面積の比になる。
$\triangle$OQA の高さは，点 A の y 座標
$\triangle$OPQ の高さは，点 P の y 座標

補習問題

1 右の図のように，2 つの関数，$y=x^2$，$y=ax^2$（$0<a<1$）のグラフがある。$y=x^2$ のグラフ上で x 座標が 2 である点を A とし，点 A を通り x 軸に平行な直線が $y=x^2$ のグラフと交わる点のうち，A と異なる点を B とする。また，$y=ax^2$ のグラフ上で x 座標が 4 である点を C とし，点 C を通り x 軸に平行な直線が $y=ax^2$ のグラフと交わる点のうち，C と異なる点を D とする。$\triangle$OAB と $\triangle$OCD の面積が等しくなるとき，a の値を求めよ。

（栃木県・改）

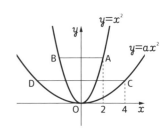

30 直線で囲まれた図形の面積を考える問題

目標時間 **15** 分

座標平面上で，直線で囲まれた図形の面積に関する問題を解こう。2点間の距離は，それぞれの点の座標から求めることができるぞ。

解答：別冊 p.16

★次の文章を読んで，あとの問いに答えなさい。

右の図のように，直線 $y=\frac{1}{2}x+2$ と直線 $y=-x+5$ が点 A で交わっている。直線 $y=\frac{1}{2}x+2$ 上に x 座標が 10 である点 B をとり，点 B を通り y 軸と平行な直線と直線 $y=-x+5$ との交点を C とする。また，直線 $y=-x+5$ と x 軸との交点を D とする。

(京都府・改)

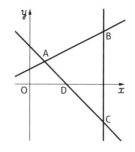

ヒント

STEP 1 2 点 B，C の座標をそれぞれ求めよ。

STEP 2 点 A の座標を求めよ。

GOAL 3 2 点 B，C の間の距離を求めよ。また，点 A と直線 BC との距離を求めよ。

STEP 4 △ABC の面積を求めよ。

STEP 5 線分 BC 上に y 座標が t である点 E をとる。このとき，△DCE の面積を t を使って表せ。

GOAL 6 点 D を通り △ABC の面積を 2 等分する直線の式を求めよ。

STEP 1 2 点 B，C の x 座標はどちらも 10 だから，2 つの直線の式に $x=10$ を代入しよう。

STEP 2 2 直線の交点は，直線の式を連立方程式として解くと求められるぞ。

GOAL 3 BC 間の距離は，2 点 B，C の y 座標から，点 A と直線 BC との距離は，2 点 A，B の x 座標から求められるぞ。

STEP 4 辺 BC を底辺とすると，底辺の長さと高さがわかるぞ。

STEP 5 底辺を CE として，底辺の長さを t を使って表してみよう。

GOAL 6 △DCE の面積が △ABC の面積の半分になるときの t の値を求めよう。

わからないときは裏面へ

STEP 1 直線上の点の座標を求める

点 B は x 座標が 10 で，直線 $y=\dfrac{1}{2}x+2$ 上の点である。

点 C は x 座標が 10 で，直線 $y=-x+5$ 上の点である。

STEP 2 2 直線の交点の座標を求める

$y=\dfrac{1}{2}x+2$ と $y=-x+5$ を連立方程式として解く。

GOAL 3 座標平面上での点と点，点と直線の距離を求める
入試レベル

2 点 B，C 間の距離は，（点 B の y 座標の値）−（点 C の y 座標の値）
点 A と直線 BC との距離は，（点 B の x 座標の値）−（点 A の x 座標の値）

STEP 4 直線で囲まれた図形の面積を求める

△ABC の底辺を辺 BC とすると，
高さは点 A と直線 BC との距離と等しくなる。

STEP 5 座標平面上の図形の面積を文字で表す

点 E の座標は $(10,\ t)$ だから，△DCE の底辺を辺 CE とすると，
底辺 CE の長さは，（点 E の y 座標の値）−（点 C の y 座標の値）
高さは，（点 E の x 座標の値）−（点 D の x 座標の値）

GOAL 6 面積を 2 等分する直線の式を求める
入試レベル

△DCE の面積が△ABC の面積の半分になるときの t の値を求める。

△DCE$=\dfrac{1}{2}$△ABC として，**⑤**で求めた面積の式を利用する。

> **POINT ポイント**
> 座標平面上の点と点の距離
>
> x 座標や y 座標のいずれかが同じ
> 2 点間の距離は，x 座標どうしの
> 差や，y 座標どうしの差で求める
> ことができる。
>
>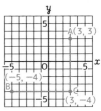
>
> AC 間の距離　$3-(-4)=7$
> BC 間の距離　$3-(-5)=8$

補習問題

  1 右の図のように，2 点 A(8，0)，B(2，3)がある。直線⑦は 2 点 A，B を
通り，直線⑦は 2 点 O，B を通る。点 C は，直線⑦と y 軸の交点である。

（秋田県・改）

（1）直線⑦の式を求めよ。

（2）直線⑦上に，x 座標が 2 より大きい点 P をとる。△COP の面積と
△BAP の面積が等しくなるとき，点 P の x 座標を求めよ。

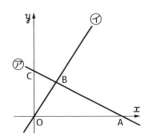

31 関数を応用した文章題

目標時間 15分

関数の応用問題に挑戦しよう。問題文からグラフをかいて求める問題がよく出されるぞ。まずは落ち着いて問題文の内容を理解することから始めよう。

解答：別冊 p.17

★次の文章を読んで，あとの問いに答えなさい。

イルミネーションの点灯について，平日と休日で，異なる計画を立てた。イルミネーションは，1時間あたりの消費する電力量が異なる，2つの設定A，Bのいずれかで点灯させることができる。
下の表は，2つの設定A，Bの，1時間あたりの消費する電力量をまとめたものである。どちらの設定も，消費する電力量は，点灯させる時間に比例する。

（宮城県・改）

設定	1時間あたりの消費する電力量(Wh)
A	300
B	100

ヒント

まずは問題文を落ち着いて読もう。
最後の文の「消費する電力量は，点灯させる時間に比例する」に注目！

STEP 1
上の表をよく見て考えよう。

STEP 2
1時間＝60分だね。
1時間30分だとどうなるかな？

STEP 3
設定Bのほうが，同じ時間点灯させるときの消費する電力量が少なくなることをおさえておこう。

GOAL 5
まずは，17時から18時30分までの1時間30分のグラフを完成させよう。次に18時30分から20時までの1時間30分のグラフを考えよう。

 STEP 1 設定Aで点灯させる場合，1時間で消費する電力量を求めよ。

 STEP 2 設定Aで点灯させる場合，1時間30分で消費する電力量を求めよ。

 STEP 3 設定Bで点灯させる場合，1時間で消費する電力量を求めよ。

 STEP 4 設定Bで点灯させる場合，1時間30分で消費する電力量を求めよ。

 GOAL 5 平日の17時から20時までの，イルミネーションを点灯させる時間と消費する電力量との関係を表すグラフをかけ。ただし，イルミネーションは次の平日の計画で点灯させたこととする。

【平日の計画】
・17時から18時30分まで，設定Aにする。
・18時30分から20時まで，設定Bにする。

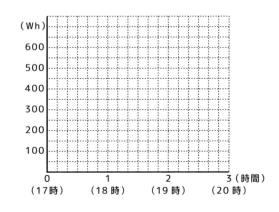

わからないときは裏面へ

STEP
1

表の意味を読み取る

表には「1 時間あたりの消費する電力量(Wh)」が示されている。
イルミネーションを 1 時間点灯させるとき，どのくらいの電力量が消費されるかは，
表からそのまま読み取ることができる。

STEP
2

時間の単位を変換する

1 時間は 60 分なので，

30 分は，$\frac{30}{60} = \frac{1}{2}$ 時間(0.5 時間)に変換できる。

つまり，1 時間 30 分 $= \frac{3}{2}$ 時間 となる。

GOAL
5
入試レベル

グラフをかく

消費する電力量と時間は比例するので，グラフは直線になる。設定 A で点灯させる時間帯と，設定 B で点灯させる時間帯では，グラフの傾きが異なることに注意。

・17 時の段階の, 消費する電力量は 0Wh
・18 時 30 分の段階では , 設定 A で
　1 時間 30 分点灯させるときの電力量を消費している。
・20 時の段階では , さらに設定 B で
　1 時間 30 分点灯させるときの電力量を消費している。

補習問題

 1

休日の 17 時から 20 時までの，イルミネーションを点灯させる時間と消費する電力量との関係を表すグラフをかけ。ただし，イルミネーションの設定 A，B は表ページの問題文と同様とし，次の休日の計画で点灯させたこととする。　(宮城県・改)

【休日の計画】
・17 時から 17 時 30 分まで，点灯しない。
・17 時 30 分から 18 時まで，設定 B にする。
・18 時から 20 時まで，設定 A にする。

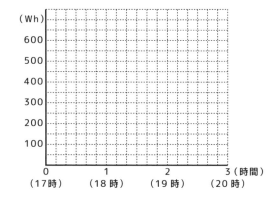

32 速さを表すグラフの問題

目標時間 15分

時間と距離の関係を表すグラフは，傾きが速さになるぞ。2人が出会う位置や時間を求めるときは，グラフの交点を求めよう。

解答：別冊 p.17

★次の文章を読んで，あとの問いに答えなさい。

P地点とQ地点があり，この2地点は980m離れている。Aさんは9時ちょうどにP地点を出発してQ地点まで，Bさんは9時6分にQ地点を出発してP地点まで，同じ道を歩いて移動した。図は，AさんとBさんのそれぞれについて9時x分におけるP地点からの距離をymとして，xとyの関係を表したグラフである。

（兵庫県・改）

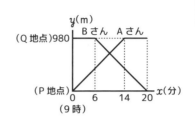

3章 関数

STEP 1 9時ちょうどから9時14分まで，Aさんは分速何mで歩いたか，求めよ。

STEP 2 9時ちょうどから9時14分までのAさんについて，yをxの式で表せ。

STEP 3 9時6分から9時20分まで，Bさんは分速何mで歩いたか，求めよ。

STEP 4 9時6分から9時20分までのBさんについて，yをxの式で表せ。

GOAL 5 AさんとBさんがすれちがったのは，P地点から何mの地点か，求めよ。

ヒント
HINT

STEP 1
14分間で980mの道のりを移動しているね。

STEP 2
速さがグラフの傾きになるよ。

STEP 3
Bさんが移動した時間も14分だね。

STEP 4
Bさんのグラフは傾きが負の数で，点(20, 0)を通っているよ。

GOAL 5
AさんとBさんがすれちがったのは，2つのグラフの交点の地点だよ。

わからないときは裏面へ

STEP **1** Aさんが移動したときの速さを求める

Aさんは，14分間で980mの距離を移動している。

$$速さ＝\frac{移動距離}{時間}$$

STEP **2** グラフの式を求める

時間を x，移動距離を y としているので，速さはグラフの傾きになる。

$$速さ＝\frac{移動距離（y の増加量）}{時間（x の増加量）}$$
（傾き）

STEP **3** Bさんが移動したときの速さを求める

Bさんは，14分間で980mの距離を移動している。

STEP **4** グラフの式を求める

Bさんのグラフは，傾きが負の数で，切片のある1次関数である。
点(20，0)を通ることから，切片を求める。

GOAL **5** グラフの交点から，2人がすれちがった地点を求める

2人のグラフの交点がすれちがった時間や地点を表している。

入試レベル

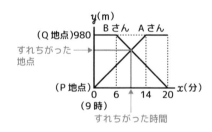

補習問題

 1 Bさんが，9時11分にQ地点を出発してP地点まで，同じ道を歩いて同じ速さで移動していた場合，Aさんとさんがすれちがったのは，P地点から何mの地点か，求めよ。ただし，他の条件は表ページの問題文と同様とする。

(兵庫県・改)

33 2点から等しい距離にある直線の作図

目標時間 15分

2点から等しい距離とあれば，垂直二等分線を利用しよう。垂線や垂直二等分線には，複数の作図方法があるので確認しよう。

解答：別冊 p.18

★次の問いに答えなさい。

 STEP **1** 下の図のような線分 AB がある。線分 AB の垂直二等分線を作図せよ。

A ——————— B

 STEP **2** 下の図のように，直線 ℓ があり，点 A は直線 ℓ 上の点である。点 A を通る直線 ℓ の垂線を作図せよ。

ℓ —————•—————
　　　　　A

 GOAL **3** 入試レベル 下の図において，点 A は直線 ℓ 上の点である。2点 A，B から等しい距離にあり，直線 AP が直線 ℓ の垂線となる点 P を作図せよ。ただし，作図には定規とコンパスを使用し，作図に用いた線は残しておくこと。

（静岡県）

B •

ℓ —————•—————
　　　　　A

ヒント

HINT ！

STEP **1**
垂直二等分線の作図方法を確認しよう。

STEP **2**
ある点を通る垂線の作図方法を確認しよう。

GOAL **3**
2つの作図が必要だよ。

わからないときは裏面へ

STEP **1**

垂直二等分線の作図をする

① A，B を中心として，等しい半径の円をかく。
② ①の 2 つの円の交点を通る直線をひく。

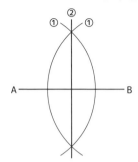

POINT **ポイント**
垂直二等分線

● 線分の中点を通り，その線分
と垂直に交わる直線。
● 2 点 A，B からの距離が等しい
点は線分 AB の垂直二等分線上
の点である。

STEP **2**

ある点を通る垂線の作図をする

① A を中心とする円をかき，直線 ℓ との交点を Q，R とする。
② Q，R を中心として，等しい半径の円をかく。
③ A と，②の 2 つの円の交点を通る直線をひく。

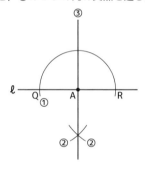

GOAL **3**
入試レベル

2 つ以上の作図を利用して点を求める

「2 点 A，B から等しい距離にあり」→線分 AB の垂直二等分線の作図を考える。
「直線 AP が直線 ℓ の垂線」→ A を通る直線 ℓ の垂線の作図を考える。
線分 AB の垂直二等分線と A を通る直線 ℓ の垂線の交点が P である。

補習問題

1 図のように，3 点 A，B，C がある。2 点 A，B から等しい距離にある点のうち，点 C から最も近い点 P を
作図せよ。ただし，作図に用いた線は消さずに残しておくこと。 （愛媛県）

•B

A•

•
C

★次の問いに答えなさい。

ヒント

STEP 1
下の図のような半直線 BA，BC がある。∠ABC の二等分線を作図せよ。

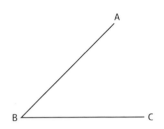

STEP ①
角の二等分線の作図方法を確認しよう。

STEP 2
下の図のように，半直線 AO がある。∠AOB＝45°となる半直線 OB を作図せよ。

STEP ②
垂線をひいて 90°をつくり，その二等分線を作図しよう。

GOAL ③
点 C から最も近い距離にあるとはどういうことかな。

GOAL 3 入試レベル
下の図のような△ABC がある。2 辺 AB，AC までの距離が等しくて，点 C から最も近い距離にある点 P を，コンパスと定規を使って作図せよ。作図に用いた線は消さずに残しておくこと。

（宮崎県）

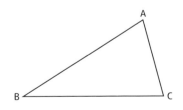

わからないときは裏面へ

STEP 1 角の二等分線の作図をする

① B を中心とする円をかき，半直線 BA，BC との交点をそれぞれ D，E とする。
② D，E を中心として，等しい半径の円をかく。
③ ②の 2 つの円の交点と B を通る直線をひく。

ポイント
角の二等分線

● 2 辺からの距離が等しい点は 2 辺がつくる角の二等分線上の点である。

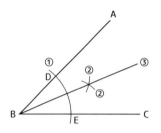

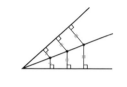

STEP 2 45°の角を作図する

点 O を通る半直線 AO の垂線を作図してから角の二等分線を作図する。

① O を中心とする円をかき，半直線 AO との交点を P，Q とする。
② P，Q を中心として，等しい半径の円をかく。
③ ②の 2 つの円の交点と O を通る直線をひき，①の円との交点を R とする。　←O を通る半直線 AO の垂線
④ P，R を中心として，等しい半径の円をかく。
⑤ O から④の 2 つの円の交点を通る半直線 OB をひく。　←∠AOR(90°)の二等分線 ＝45°の角

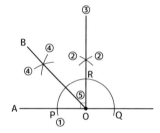

GOAL 3 2 つ以上の作図を利用して点を求める
入試レベル

「2 辺 AB，AC までの距離が等しく」→∠BAC の二等分線の作図を考える。
「点 C から最も近い距離にある点」→ C から∠BAC の二等分線にひく垂線を考える。
C から∠BAC の二等分線にひいた垂線と∠BAC の二等分線の交点が P である。

補習問題

1 下の図のような，三角形 ABC がある。∠B の二等分線上にあって，点 A からの距離が最も短い点 P を，定規とコンパスを使い，作図によって求めよ。ただし，定規は直線をひくときに使い，長さを測ったり角度を利用したりしないこととする。なお，作図に使った線は消さずに残しておくこと。

（高知県）

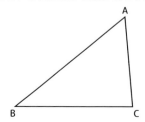

35 おうぎ形の弧の長さや面積を利用する問題

おうぎ形の弧の長さや面積を求める公式を理解しよう。公式を使って，弧の長さや面積だけでなく，半径や中心角も求められるようになろう。

解答：別冊 p.19

★次の問いに答えなさい。

STEP 1

右の図のように，円 O の周を 5 等分する点 A，B，C，D，E がある。点 B を含むおうぎ形 OAC の中心角を求めよ。

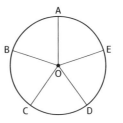

GOAL 2

右の図は，半径が 9cm，中心角が 60°のおうぎ形である。このおうぎ形の弧の長さを求めよ。ただし，円周率は π とする。

(栃木県)

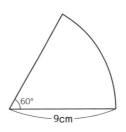

STEP 3

半径が 20cm で，中心角が 36°のおうぎ形がある。このおうぎ形の面積を求めよ。

STEP 4

半径が 8cm で面積が $48\pi\,\mathrm{cm}^2$ のおうぎ形の中心角を求めよ。

GOAL 5

右の図のように，円 O の周を 3 等分する点 A，B，C がある。円 O の周上に点 D を，線分 CD が円 O の直径となるようにとる。点 D を含むおうぎ形 OAB の面積は $54\pi\,\mathrm{cm}^2$ である。このとき，円 O の半径を求めよ。

(京都府・改)

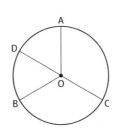

HINT ! ヒント

STEP 1
おうぎ形 OAC の中心角は ∠AOC だね。

GOAL 2
半径 $r$cm，中心角 a°のおうぎ形の弧の長さは，
$2\pi r \times \dfrac{a}{360}$ で求められるね。

STEP 3
半径 $r$cm，中心角 a°のおうぎ形の面積は，
$\pi r^2 \times \dfrac{a}{360}$ で求められるね。

STEP 4
おうぎ形の面積を求める式にあてはめよう。

GOAL 5
まず，おうぎ形 OAB の中心角を求めよう。

4章 図形

わからないときは裏面へ

STEP 1　おうぎ形の中心角を求める

5点 A，B，C，D，E は円 O の周を 5 等分しているから，∠AOB，∠BOC，∠COD，∠DOE，∠EOA の大きさはそれぞれ 360°の 5 等分である。おうぎ形 OAC の中心角は 5 等分した角 2 つ分である。

GOAL 2　おうぎ形の弧の長さを求める

半径 $r$cm，中心角 a°のおうぎ形の弧の長さは，$2\pi r \times \dfrac{a}{360}$ で求められる。

半径が 9cm，中心角が 60°だから，$2\pi \times 9 \times \dfrac{60}{360}$ となる。

> **POINT　ポイント**
> おうぎ形の弧の長さと面積
>
> 半径 r，中心角 a°のおうぎ形の弧の長さを ℓ，面積を S とする。
>
> ❶ 弧の長さ　$\ell = 2\pi r \times \dfrac{a}{360}$
>
> ❷ 面積　$S = \pi r^2 \times \dfrac{a}{360}$

STEP 3　おうぎ形の面積を求める

半径 $r$cm，中心角 a°のおうぎ形の面積は，$\pi r^2 \times \dfrac{a}{360}$ で求められる。

半径が 20cm で，中心角が 36°だから，$\pi \times 20^2 \times \dfrac{36}{360}$ となる。

STEP 4　おうぎ形の面積から中心角を求める

半径 $r$cm，中心角 a°のおうぎ形の面積は，$\pi r^2 \times \dfrac{a}{360}$ で求められる。

半径が 8cm で，面積が 48πcm^2 だから，中心角を a°とすると，$\pi \times 8^2 \times \dfrac{a}{360} = 48\pi$ が成り立つ。

GOAL 5　おうぎ形の面積から円の半径を求める

3点 A，B，C は円 O の周を 3 等分しているので，∠AOB の大きさは 360°の $\dfrac{1}{3}$ である。

これより，おうぎ形 OAB の中心角がわかる。

半径を $r$cm とすると，面積が 54πcm^2 だから，中心角を a°とすると，$\pi r^2 \times \dfrac{a}{360} = 54\pi$ が成り立つ。

補習問題

1　右の図で，AB は円の直径である。$\overset{\frown}{\text{AB}}$ 上に点 C を，$\overset{\frown}{\text{AC}} : \overset{\frown}{\text{CB}} = 1 : 3$ となるようにとる。点 A を含まないおうぎ形 OBC の面積が 96πcm^2 のとき，円 O の半径を求めよ。

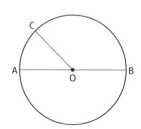

36 直線と平面の位置関係の問題

直線や平面のいろいろな位置関係を復習しよう。ねじれの位置とは，平行でなく，交わらない2直線の位置関係のことだぞ。

解答：別冊 p.19

★次の問いに答えなさい。

STEP 1 右の図の直方体で，辺 AB と平行な辺をすべて答えよ。

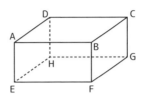

STEP 2 上の図の直方体で，辺 BC と垂直な辺をすべて答えよ。

STEP 3 上の図の直方体で，辺 AD とねじれの位置にある辺をすべて答えよ。

STEP 4 右の図の三角柱で，面 ABC と平行な辺をすべて答えよ。

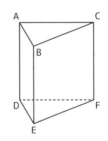

STEP 5 上の図の三角柱で，面 ABC と垂直な辺をすべて答えよ。

GOAL 6 右の図のように，底面が正方形 BCDE である正四角錐 A－BCDE がある。直線 BC とねじれの位置にある直線はどれか，適当なものをすべて選び，その記号を書け。

ア　直線 AB　　イ　直線 AC
ウ　直線 AD　　エ　直線 AE
オ　直線 BE　　カ　直線 CD
キ　直線 DE

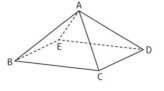

（愛媛県）

HINT ヒント

STEP 1
辺 AB と同じ平面上にあって，交わらない辺をさがそう。

STEP 2
長方形のとなり合う辺は垂直に交わるね。

STEP 3
辺 AD と同じ平面上にない辺をさがそう。

STEP 4
まず，面 ABC と平行な面をさがし，その面に含まれる辺を答えよう。

STEP 5
面 ABC に含まれる辺と垂直な辺をさがそう。

GOAL 6
角錐のときも，平行でなく，交わらない辺がねじれの位置だね。

ココをおさえる！

STEP **1** 辺に平行な辺

辺 AB と同じ平面上にあって，辺 AB と交わらない辺が辺 AB と平行な辺である。
辺 AB を含む平面は，長方形 ABCD，長方形 ABFE である。また，長方形 ABGH も辺 AB を含む平面である。

STEP **2** 辺に垂直な辺

長方形のとなり合う辺は垂直である。
辺 BC を含む平面，長方形 ABCD，長方形 BFGC について考える。

STEP **3** ねじれの位置

平行でなく交わらない 2 つの直線はねじれの位置にある。
平行でなく，交わらない辺だから，
辺 AD と同じ平面上にない辺を考える。

> **POINT ポイント**
> ねじれの位置
>
> 空間内で，平行でなく，交わらない 2 つの直線はねじれの位置にある。
>
>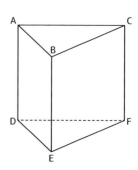
>
> ねじれの位置

STEP **4** 面に平行な辺

面 ABC と平行な面をさがし，その面に含まれる辺を考える。
面 ABC と平行な面は面 DEF である。

STEP **5** 面に垂直な辺

面 ABC に含まれる辺と垂直な辺を考える。
面 ABC に含まれる辺は辺 AB，BC，AC である。

GOAL **6** ねじれの位置

入試レベル

直線 BC と平行な直線は直線 DE，交わる直線は直線 BE，CD，BA，CA である。

補習問題

1 右の図の三角柱 ABC－DEF において，辺 AB とねじれの位置にある辺を，すべて答えよ。
(群馬県)

★次の問いに答えなさい。

STEP 1 右の図の三角柱 ABC－DEF の体積を求めよ。

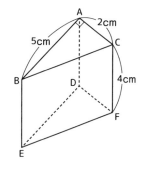

HINT ヒント

STEP 1
三角柱の体積は，
（底面積）×（高さ）で求められるよ。

STEP 2 右の図のような直方体 ABCD－EFGH がある。点 P は辺 FG の中点，点 Q は辺 GH の中点である。三角錐 C－PGQ について，△CGQ を底面としたときの高さを求めよ。

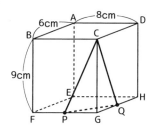

STEP 2
底面と高さの位置関係は垂直だぞ。

STEP 3
三角錐の体積は，
$\frac{1}{3}×$（底面積）×（高さ）で
求められるよ。

STEP 3 右の図の三角錐 A－BCD の体積を求めよ。

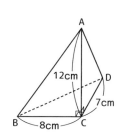

GOAL 4
頂点 D を含む立体は，
三角柱 ABC－DEF から，
三角錐 G－ABC を取り除いた立体だよ。

GOAL 4 右の図は，DE＝4cm，EF＝2cm，∠DEF＝90°の直角三角形 DEF を底面とする高さが 3cm の三角柱 ABC－DEF である。また，辺 AD 上に DG＝1cm となる点 G をとる。三角柱 ABC－DEF を 3 点 B，C，G を含む平面で 2 つの立体に分けた。この 2 つの立体のうち，頂点 D を含む立体の体積を求めよ。

（栃木県・改）

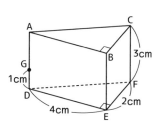

わからないときは裏面へ

STEP 1 三角柱の体積

角柱の体積　$V=Sh$　（体積 V　底面積 S　高さ h）

△ABC を底面とすると，高さは CF＝4cm だから，

$\dfrac{1}{2}\times2\times5\times4$

ポイント
角柱の体積

底面積が S，高さが h の角柱の体積を V とすると，
$V=Sh$

STEP 2 三角錐の高さ

底面に対して垂直な辺を高さとする。
△CGQ を底面とすると，GP⊥GC，GP⊥GQ だから，高さは GP になる。

STEP 3 三角錐の体積

角錐の体積　$V=\dfrac{1}{3}Sh$　（体積 V　底面積 S　高さ h）

△BCD を底面とすると，高さは AC＝12cm だから，

$\dfrac{1}{3}\times\dfrac{1}{2}\times8\times7\times12$

ポイント
角錐の体積

底面積が S，高さが h の角錐の体積を V とすると，
$V=\dfrac{1}{3}Sh$

GOAL 4 立体の体積

三角柱 ABC－DEF の体積から三角錐 G－ABC の体積をひいて求める。

三角柱 ABC－DEF の体積は，

$\underbrace{\dfrac{1}{2}\times4\times2}_{\text{底面積}}\times\underset{\text{高さ}}{3}=12(\text{cm}^3)$

三角錐 G－ABC の体積は，底面を△ABC とすると，高さは AG だから，

$\dfrac{1}{3}\times\underbrace{\dfrac{1}{2}\times4\times2}_{\text{底面積}}\times\underset{\text{高さ}}{(3-1)}=\dfrac{8}{3}(\text{cm}^3)$

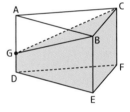

補習問題

1 図で，立体 ABCD－EFGH は立方体，I は辺 AB 上の点で，AI：IB＝2：1であり，J は辺 CG の中点である。AB＝6cm のとき，立体 J－IBFE の体積は何 cm³ か，求めよ。

（愛知県・改）

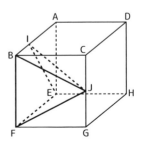

38 回転体の体積を求める問題

目標時間 **15**分

回転させたときに，どのような立体ができるのかをしっかり理解しよう。立体がわかったら，体積を求める式に値を代入しよう。

解答：別冊 p.20

★次の問いに答えなさい。

STEP 1

右の図のような長方形 ABCD があり，辺 CD は直線 ℓ 上にある。長方形 ABCD を直線 ℓ を軸として 1 回転させてできる立体を次のア〜エから選べ。

ア 四角柱　　イ 四角錐　　ウ 円柱　　エ 円錐

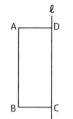

STEP 2

底面の円の半径が 8cm，高さが 4cm の円柱の体積を求めよ。

STEP 3

底面の円の半径が 4cm，高さが 6cm の円錐の体積を求めよ。

STEP 4

半径が 6cm の球の体積を求めよ。

GOAL 5

右の図のおうぎ形 OAB は，半径 4cm，中心角 90°である。このおうぎ形 OAB を，AO を通る直線 ℓ を軸として 1 回転させてできる立体の体積を求めよ。ただし，円周率は π とする。　　（和歌山県）

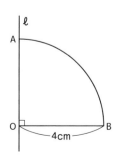

HINT ! ヒント

STEP 1
辺 BC を C を中心に回転させると，半径 BC の円になるね。

STEP 2
柱体の体積を求める公式を確認しよう。

STEP 3
錐体の体積を求める公式を確認しよう。

STEP 4
球の体積を求める公式を確認しよう。

GOAL 5
できる立体は半球だね。

わからないときは裏面へ

ココをおさえる！

STEP 1 回転体

長方形を回転させると，右の図のようになる。

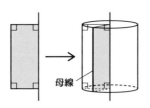

母線

STEP 2 円柱の体積

円柱の体積　$V = \pi r^2 h$ （体積 V　底面の半径 r　高さ h）

底面の円の半径が 8cm，高さが 4cm だから，$\pi \times 8^2 \times 4$

> **ポイント**
> 円柱・円錐の体積
>
> ❶ 底面の半径が r，高さが h の円柱の体積 V
> $V = \pi r^2 h$
> ❷ 底面の半径が r，高さが h の円錐の体積 V
> $V = \dfrac{1}{3} \pi r^2 h$

STEP 3 円錐の体積

円錐の体積　$V = \dfrac{1}{3} \pi r^2 h$ （体積 V　底面の半径 r　高さ h）

底面の円の半径が 4cm，高さが 6cm だから，$\dfrac{1}{3} \pi \times 4^2 \times 6$

STEP 4 球の体積

球の体積　$V = \dfrac{4}{3} \pi r^3$ （体積 V　半径 r）

半径が 6cm だから，$\dfrac{4}{3} \pi \times 6^3$

> **ポイント**
> 球の体積・表面積
>
> 半径 r の球の体積を V，表面積を S とする。
>
> ❶ 体積　$V = \dfrac{4}{3} \pi r^3$
> ❷ 表面積　$S = 4 \pi r^2$

GOAL 5 回転体の体積

入試レベル

できる立体は，右の図のような半球になる。
体積は半径 4cm の球の体積の $\dfrac{1}{2}$ になる。

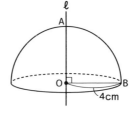

補習問題

1 右の図のような直角三角形 ABC を，辺 AC を軸として 1 回転させてできる立体の体積は何 cm^3 か。

（長崎県）

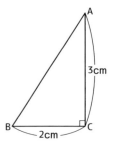

84

平行線と角の問題

対頂角や同位角，錯角について理解しよう。平行線の同位角や錯角は等しくなることを覚えておこう。

解答：別冊 p.21

★次の問いに答えなさい。

STEP 1
右の図で，3直線は1点で交わっている。このとき，∠x の大きさを求めよ。

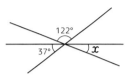

STEP 2
右の図で，$\ell /\!/ m$ のとき，∠x の大きさを求めよ。

STEP 3
右の図で，$\ell /\!/ m$ のとき，∠x の大きさを求めよ。

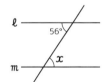

STEP 4
右の図で，$\ell /\!/ m /\!/ n$ で，3直線 n, p, q が点 A で交わるとき，∠x の大きさを求めよ。

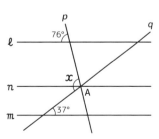

GOAL 5
図で，$\ell /\!/ m$ のとき，∠x の大きさを求めよ。
（兵庫県）

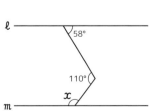

HINT ！ ヒント

STEP 1
対頂角が等しいことを利用しよう。

STEP 2
平行線の同位角は等しいね。

STEP 3
平行線の錯角は等しいね。

STEP 4
∠x を直線 n の上側と下側に分けて考えよう。

GOAL 5
ℓ, m に平行な補助線をひいてみよう。

わからないときは裏面へ

ココをおさえる！

STEP 1 対頂角

対頂角は等しいから，∠y＝37°
∠x＋∠y＋122°＝180°になる。

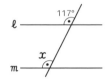

ポイント
平行線と角

❶ 平行線の同位角は等しい。
　$l//m$ のとき，∠a＝∠b
❷ 平行線の錯角は等しい。
　$l//m$ のとき，∠a＝∠c

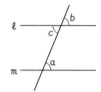

STEP 2 平行線と同位角

平行線の同位角は等しい。

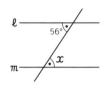

STEP 3 平行線と錯角

平行線の錯角は等しい。

STEP 4 平行線と同位角，錯角

∠x を∠a と∠b に分けると，
∠a には平行線の同位角が，
∠b には平行線の錯角が見つけられる。

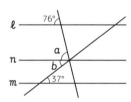

GOAL 5 補助線をひいて，角の大きさを求める

入試レベル

l，m に平行な直線 n をひいて，110°の角を∠a と∠b に分けると，
$l//n$ より，錯角が等しいので，∠a＝58°となる。
また，$m//n$ より，錯角が等しいので，∠b＝∠c となる。

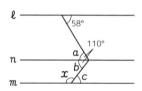

補習問題

1 右の図で，$l//m$ のとき，∠x の大きさを求めよ。

（栃木県）

40 多角形の内角や外角を求める問題

目標時間 **15**分

多角形の内角の和の求め方を覚えておこう。多角形の外角の和は、どんな多角形でも360°であることに注意しよう。

解答：別冊 p.21

4章 図形

★次の問いに答えなさい。

STEP 1 五角形の内角の和を求めよ。

STEP 2 正八角形の1つの内角の大きさを求めよ。

GOAL 3 正 n 角形の1つの内角が140°であるとき，n の値を求めよ。 （青森県）

STEP 4 右の図の△ABC で，外角の和を求めよ。

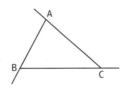

GOAL 5 右の図で，∠x の大きさを求めよ。 （秋田県）

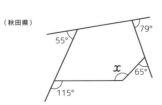

HINT ヒント

STEP 1
n 角形の内角の和は，$180°×(n-2)$ で求められるね。

STEP 2
正八角形の8つの内角はすべて等しいね。

GOAL 3
内角の和は $140°×n$ と表せるね。

STEP 4
どんな多角形でも，外角の和は同じだぞ。

GOAL 5
まずは，x の外角を求めてみよう。

わからないときは裏面へ

STEP 1 多角形の内角の和

n 角形の内角の和は，$180° \times (n-2)$ で求められる。
五角形の内角の和は，$180° \times (5-2)$

STEP 2 正多角形の1つの内角

八角形の内角の和は，$180° \times (8-2) = 1080°$　←$180° \times (n-2)$
正八角形の8つの内角の大きさはすべて等しいから，
八角形の内角の和を8でわる。

 GOAL 3 入試レベル　1つの内角の大きさから正多角形を決める

n 角形の内角の和は，$180° \times (n-2)$ で求められる。
1つの内角が $140°$ だから，内角の和は $140° \times n$ と表せる。
よって，$180(n-2) = 140n$ が成り立つ。

別の考え方
1つの内角と外角の和は $180°$ だから，
1つの外角の大きさは，$180° - 140° = 40°$
多角形の外角の和は $360°$ だから，
$n = 360 \div 40$ としてもよい。

 STEP 4 三角形の外角の和

多角形の外角の和は $360°$ である。

 GOAL 5 入試レベル　多角形の外角の和から角の大きさを求める

$\angle x$ の外角を $\angle y$ とすると，$\angle x + \angle y = 180°$
多角形の外角の和は $360°$ だから，$\angle y$ の大きさを求めてから，$\angle x$ の大きさを求める。

補習問題

 1 右の図で，$\angle x$ の大きさは何度か求めよ。　（兵庫県）

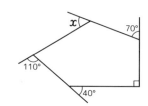

41 2つの三角形が合同であることを証明する問題

目標時間 (15分)

2つの三角形の合同を証明しよう。三角形の合同条件にあてはまるように，対応する辺の長さや角の大きさに注目しよう。

解答：別冊 p.22

★次の文章を読んで，あとの問いに答えなさい。

右の図で，△ABC は∠BAC＝90°の直角二等辺三角形であり，△ADE は∠DAE＝90°の直角二等辺三角形である。また，点 D は辺 CB の延長線上にある。

(岐阜県・改)

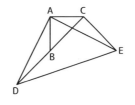

ヒント

STEP ①
上の図で，線分 AB と長さの等しい線分を答えよ。

STEP ②
上の図で，線分 AD と長さの等しい線分を答えよ。

STEP ③
上の図で，∠BAE の大きさを x° としたとき，∠DAB の大きさを x を使って表せ。

STEP ④
上の図で，∠BAE の大きさを x° としたとき，∠EAC の大きさを x を使って表せ。

GOAL ⑤
△ADB≡△AEC であることを証明せよ。

入試レベル

HINT ヒント

STEP ①
△ABC は直角二等辺三角形だよ。

STEP ②
△ADE は直角二等辺三角形だよ。

STEP ③
∠DAB＝∠DAE－∠BAE だよ。

STEP ④
∠EAC＝∠BAC－∠BAE だよ。

GOAL ⑤
2組の辺とその間の角がそれぞれ等しいことを利用して，証明してみよう。

わからないときは裏面へ

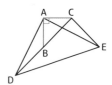

STEP 1 長さの等しい線分をさがす

△ABC は∠BAC＝90°の直角二等辺三角形だから，直角をはさむ 2 辺の長さは等しくなる。

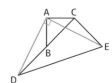

STEP 2 長さの等しい線分をさがす

△ADE は∠DAE＝90°の直角二等辺三角形だから，直角をはさむ 2 辺の長さは等しくなる。

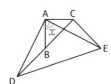

STEP 3 角の大きさを文字を使って表す

∠DAB＝∠DAE－∠BAE で，∠DAE＝90°である。

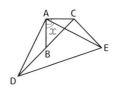

STEP 4 角の大きさを文字を使って表す

∠EAC＝∠BAC－∠BAE で，∠BAC＝90°である。

GOAL 5 入試レベル 三角形の合同を証明する

△ADB と△AEC において，
AB＝AC，AD＝AE，∠DAB＝∠EAC がいえると，
2 組の辺とその間の角がそれぞれ等しいことがいえる。

POINT ポイント
三角形の合同条件
❶ 3 組の辺がそれぞれ等しい。
❷ 2 組の辺とその間の角がそれぞれ等しい。
❸ 1 組の辺とその両端の角がそれぞれ等しい。

補習問題

1 右の図で，△ABC と△ABD は，ともに同じ平面上にある正三角形で，頂点 C と頂点 D は一致しない。点 P は，辺 BD 上にある点で，頂点 B，頂点 D のいずれにも一致しない。点 Q は，辺 BC 上にある点で，頂点 B，頂点 C のいずれにも一致しない。頂点 A と点 P，頂点 A と点 Q をそれぞれ結ぶ。∠PAQ＝60°のとき，△ABP≡△ACQ であることを証明せよ。

（東京都 2022・改）

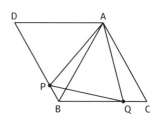

42 二等辺三角形の性質を利用した問題

目標時間 15分

二等辺三角形では，2つの底角が等しいぞ。二等辺三角形の性質を利用して，角の大きさを求める問題が解けるようになろう。

解答：別冊 p.22

★次の問いに答えなさい。

 ヒント

STEP 1
右の図で，△ABC は，AB＝AC である。∠ACB の大きさを求めよ。

STEP ①
二等辺三角形の底角は等しいね。

STEP 2
右の図の△ABC は，∠ABC＝∠ACB で，AB＝5cm である。AC の長さを求めよ。

STEP ②
2つの角が等しければ，二等辺三角形だね。

STEP 3
右の図で，△ABC は，AB＝AC である。∠BAC の大きさを求めよ。

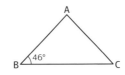

STEP ③
二等辺三角形の底角が等しいことを利用しよう。

STEP 4
右の図で，△ABC は，AB＝AC である。∠ABC の大きさを求めよ。

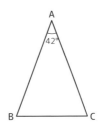

STEP ④
二等辺三角形の底角は等しいので，頂角がわかると，底角を求めることができるよ。

GOAL 5
右の図で，AD＝BD＝CD のとき，∠x，∠y，∠z の大きさを求めよ。 （福井県）

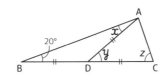

GOAL ⑤
二等辺三角形の性質と，三角形の内角と外角の関係を利用しよう。

わからないときは裏面へ

ココをおさえる！

STEP 1 二等辺三角形の底角

二等辺三角形の底角は等しいから，∠ABC＝∠ACB である。

ポイント
二等辺三角形

2 辺が等しい三角形を二等辺三角形という。次のような**性質**がある。
❶ 二等辺三角形の底角は等しい。
❷ 二等辺三角形の頂角の二等分線は底辺を垂直に 2 等分する。

STEP 2 二等辺三角形の辺の長さ

2 つの角が等しい三角形は二等辺三角形だから，
AB＝AC である。

STEP 3 二等辺三角形の頂角

二等辺三角形の底角は等しいことを利用する。
（頂角）＝180°−（底角）×2 で求められる。

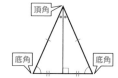

STEP 4 二等辺三角形の底角を求める

二等辺三角形の底角は等しいことを利用する。
（1 つの底角）＝（180°− 頂角）÷2 で求められる。

GOAL 5 二等辺三角形の性質を利用する

∠x は二等辺三角形 DAB の底角である。
∠y は∠ADB の外角だから，三角形の内角と外角の関係を利用して，
∠y＝∠DBA＋∠x で求められる。
∠z は二等辺三角形 DAC の底角である。
（180°−∠y）÷2 で求められる。

ポイント
三角形の内角と外角の関係

三角形の外角は，それととなり合わない 2 つの内角の和に等しい。
下の図で，∠c＝∠a＋∠b

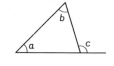

補習問題

1 右の図の△ABC は AB＝6cm，AC＝4cm であり，∠BAP＝∠CAP である。また，点 C を通り線分 AP に平行な直線と直線 AB との交点を D とする。線分 AD の長さを求めよ。

（沖縄県・改）

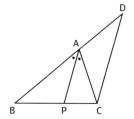

43 平行四辺形の性質を 利用した問題

平行四辺形であれば，2 組の対辺が平行で 2 組の対角は等しくなるぞ。平行四辺形の性質や平行線の同位角や錯角を使って，角の大きさを求める問題に挑戦しよう。

解答：別冊 p.23

4章 図形

★次の問いに答えなさい。

STEP 1　右の図の平行四辺形 ABCD で，∠ADC の大きさを求めよ。

STEP 2　右の図の平行四辺形 ABCD で，点 E，F はそれぞれ辺 AD，BC 上の点である。∠AEF＝127°のとき，∠EFC の大きさを求めよ。

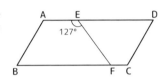

STEP 3　右の図の平行四辺形 ABCD で，点 E は辺 AD 上の点で，線分 BE は∠ABC の二等分線である。∠ABE＝39°のとき，∠ADC の大きさを求めよ。

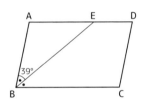

STEP 4　右の図の平行四辺形 ABCD で，点 E は辺 AB 上の点である。∠BCE の大きさを求めよ。

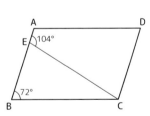

GOAL 5　図で，四角形 ABCD は平行四辺形である。E は辺 BC 上の点，F は線分 AE と∠ADC の二等分線との交点で，AE⊥DF である。∠FEB＝56°のとき，∠BAF の大きさを求めよ。　（愛知県・改）

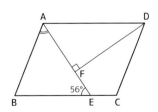

ヒント

STEP 1
平行四辺形の対角は等しいよ。

STEP 2
平行四辺形の向かい合う辺は平行だから，平行線の錯角は等しいことを利用しよう。

STEP 3
線分 BE は∠ABC の二等分線だね。

STEP 4
三角形の内角と外角の関係を利用しよう。

GOAL 5
平行線の錯角を見つけたら，次に三角形の内角の和を利用しよう。

わからないときは裏面へ

ココをおさえる！

STEP 1 平行四辺形の対角

平行四辺形の対角は等しいので，∠ABC＝∠ADC

ポイント
平行四辺形の性質

2組の向かい合う辺が平行である四角形を
平行四辺形という。
平行四辺形は，
❶ 2組の向かい合う辺の長さが等しい。
❷ 2組の向かい合う角の大きさが等しい。
❸ 対角線がそれぞれの中点で交わる。

STEP 2 平行線の錯角

平行四辺形の向かい合う辺は平行だから，AD//BC
平行線の錯角は等しいから，∠AEF＝∠EFC

STEP 3 角の二等分線の利用

線分 BE は∠ABC の二等分線だから，∠ABC＝2∠ABE
平行四辺形の対角は等しいから，∠ABC＝∠ADC

STEP 4 三角形の内角と外角の関係の利用

△EBC において，内角と外角の関係より，
∠EBC＋∠BCE＝∠AEC

GOAL 5 平行四辺形の性質と三角形の内角の和を利用する

AD//BC より，錯角は等しいから，
∠AEB＝∠FAD
これより，∠ADF の大きさが求められる。
DF は∠ADC の二等分線だから，∠ADC＝2∠ADF
平行四辺形の対角は等しいから，∠ABE＝∠ADC
よって，△ABE で，∠BAF＝180°−（∠ABE＋∠AEB）

補習問題

1 右の図のような，平行四辺形 ABCD がある。このとき，∠x の大きさを求
めよ。

（佐賀県）

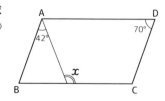

44 2つの三角形が相似であることを証明する問題

目標時間 **15**分

三角形の相似条件では、「2組の角がそれぞれ等しい」をよく使うぞ。角の二等分線や三角形の外角の性質を使って証明問題に挑戦してみよう。

解答：別冊 p.23

★次の文章を読んで、あとの問いに答えなさい。

右の図のように、△ABC の辺 AB 上に、∠ABC＝∠ACD となる点 D をとる。また、∠BCD の二等分線と辺 AB との交点を E、∠BAC の二等分線と辺 BC との交点を F、線分 AF と線分 EC、DC との交点をそれぞれ G、H とする。　（埼玉県 2021・改）

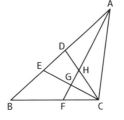

ヒント HINT

STEP **1**
線分 AF は、∠BAC の二等分線だよ。

STEP **2**
∠DBC と∠DCB は、△BCD の内角だよ。

STEP **3**
∠ABC＝∠ACD だぞ。

GOAL **4**
2組の角がそれぞれ等しいことを利用して、証明してみよう。

○ STEP **1** 上の図で、∠DAH と大きさが等しい角を答えよ。

○ STEP **2** 上の図で、∠DBC＝x°、∠DCB＝y°とするとき、∠ADC の大きさを x, y を使って表せ。

○ STEP **3** 上の図で、∠ABC＝x°、∠DCB＝y°とするとき、∠ACF の大きさを x, y を使って表せ。

○ GOAL **4** 入試レベル 上の図で、△ADH と△ACF が相似であることを証明せよ。

わからないときは裏面へ

STEP **1** 大きさが等しい角をさがす

線分 AF は∠BAC の二等分線だから，
∠DAH＝∠CAF

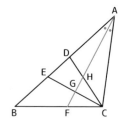

STEP **2** 角の大きさを文字を使って表す

△BCD で，三角形の内角と外角の関係より，∠DBC と∠DCB の和は，
∠ADC の大きさと等しい。

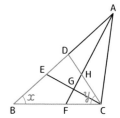

STEP **3** 角の大きさを文字を使って表す

∠ACF＝∠ACD＋∠DCB
∠ABC＝∠ACD だから，∠ACD＝x°である。

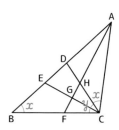

GOAL **4** 三角形の相似を証明する

入試レベル

△ADH と△ACF で，
∠DAH＝∠CAF，∠ADH＝∠ACF がいえると，
2 組の角がそれぞれ等しいことがいえる。

ポイント
三角形の相似条件

❶ 3 組の辺の比がすべて等しい。

❷ 2 組の辺の比が等しく，その間の角が等しい。

❸ 2 組の角がそれぞれ等しい。

補習問題

1 右の図において，正三角形 ABC の辺と正三角形 DEF の辺の交点を G，H，I，J，
K，L とするとき，△AGL∽△BIH であることを証明せよ。 （鹿児島県）

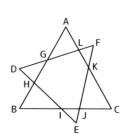

4.5 2つの三角形が相似であることを利用する問題

目標時間 15分

相似である2つの三角形を利用して，辺の長さを求めてみよう。どの辺とどの辺が対応しているのかに注意しよう。

解答：別冊 p.24

★次の文章を読んで，あとの問いに答えなさい。

図において，四角形 ABCD は内角∠ABC が鋭角の平行四辺形であり，AB＝7cm，AD＝6cm である。E は，C から辺 AB にひいた垂線と辺 AB との交点である。F は直線 DC 上にあって D について C と反対側にある点であり，FD＝5cm である。E と F とを結ぶ。G は，線分 EF と辺 AD との交点である。H は，F から直線 AD にひいた垂線と直線 AD との交点である。

（大阪府・改）

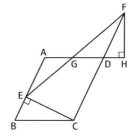

ヒント**ヒント**

STEP 1
平行四辺形の対角は等しいぞ。

STEP 2
どちらの三角形も直角三角形だから，もう1つの角の大きさが等しければ，相似であることがいえるね。

STEP 3
辺 BC は直角三角形の斜辺だよ。

GOAL 4
△BCE と△DFH で，辺 BE に対応する辺は辺 DH だよ。

STEP 1 上の図で，四角形 ABCD において，∠ABC と大きさが等しい角を答えよ。

STEP 2 上の図で，△BCE と△DFH は相似である。△BCE と△DFH が相似であることを証明するときに使う相似条件を答えよ。

STEP 3 上の図で，△BCE と△DFH は相似である。辺 BC に対応する辺を答えよ。

GOAL 4 上の図で，DH＝2cm のとき，線分 BE の長さを求めよ。

入試レベル

わからないときは裏面へ

97

ココをおさえる！

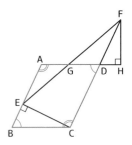

STEP 1 平行四辺形の性質

平行四辺形の対角は等しいから，
∠ABC＝∠ADC

STEP 2 三角形の相似条件

△BCE と △DFH において，
仮定より，∠BEC＝∠DHF＝90°
対頂角は等しいから，

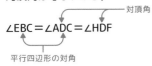

∠EBC＝∠ADC＝∠HDF

平行四辺形の対角

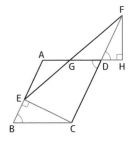

STEP 3 相似な図形の対応する辺

△BCE と △DFH はともに直角三角形で，
辺 BC は斜辺である。

GOAL 4 相似な図形の対応する辺の比を利用する

△BCE∽△DFH だから，
辺 BE に対応する辺は辺 DH である。
BC＝AD＝6cm で，
BE：BC＝DH：DF

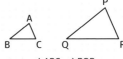

POINT ポイント
相似な図形の性質

△ABC∽△PQR

❶ 対応する線分の長さの比はすべて等しい。
AB：PQ＝BC：QR＝AC：PR
❷ 対応する角の大きさは，それぞれ等しい。
∠A＝∠P，∠B＝∠Q，∠C＝∠R

補習問題

1 右の図で，D は △ABC の辺 AB 上の点で，∠DBC＝∠ACD である。AB＝6cm，
AC＝5cm のとき，線分 AD の長さは何 cm か，求めよ。　　（愛知県・改）

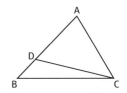

4·6 辺の比を使って面積比を求める問題

目標時間 **15** 分

底辺の比や高さの比と面積比の関係について理解しよう。
平行線を利用して，底辺や高さの等しい三角形の面積比を求めてみよう。

解答：別冊 p.24

★次の文章を読んで，あとの問いに答えなさい。

図のように，平行四辺形 ABCD がある。点 E は辺 CD 上にあり，CE：ED＝1：2 である。線分 AE と線分 BD の交点を F とする。 （秋田県・改）

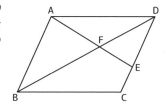

 STEP 1 CD：ED を求めよ。

 STEP 2 △DEF と相似な三角形を答えよ。

 STEP 3 BF：FD を求めよ。

 STEP 4 △AED の面積は平行四辺形 ABCD の面積の何倍か，求めよ。

 GOAL 5 △DEF の面積は，平行四辺形 ABCD の面積の何倍か，求めよ。
入試レベル

ヒント HINT

STEP 1
CD＝CE＋ED だね。

STEP 2
相似な図形の対応する角の大きさは等しいよ。

STEP 3
相似な図形の対応する辺の比は等しいよ。

STEP 4
△ACD と△AED は底辺をそれぞれ CD，ED としたときの高さが等しいよ。

GOAL 5
△DEF と△AED は底辺をそれぞれ EF，AE としたときの高さが等しいよ。

わからないときは裏面へ

STEP **1** 線分の比を求める

CE：ED＝1：2で，CD＝CE＋ED だから，
CD：ED＝（CE＋ED）：ED

STEP **2** 相似な三角形

2組の角がそれぞれ等しい三角形を探す。
平行四辺形の向かい合う辺は平行だから，AB//DC
平行線と錯角の関係から，
∠DEF＝∠BAF，∠EDF＝∠ABF
（対頂角から，∠AFB＝∠EFD でもよい。）

STEP **3** 相似比から線分の比を求める

相似な図形の対応する辺の比は等しいから，BF：FD＝AB：ED
平行四辺形の向かい合う辺は等しいから，AB＝CD
よって，BF：FD＝CD：ED

STEP **4** 線分の比から面積比を求める

点Aと点Cを結んでできる△ACD の面積は，
平行四辺形 ABCD の面積の$\frac{1}{2}$倍
△ACD と△AED は底辺をそれぞれ CD，ED としたときの高さが等し
いから，△ACD と△AED の面積比は，CD：ED と等しい。

GOAL **5** 線分の比から面積比を求める
入試レベル

△AED と△DEF は底辺をそれぞれ AE，EF としたときの高さが
等しいから，面積比は，AE：EF と等しい。
AE＝AF＋EF で，AF：EF＝AB：ED＝CD：ED だから，
これを利用して，△AED：△DEF を求める。

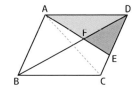

POINT **ポイント**
三角形と面積比

・高さが等しい三角形の面積比は
底辺の長さの比に等しい。

△ABD：△ACD＝a：b

補習問題

1 右の図の平行四辺形 ABCD で，E は辺 AD 上の点で，AE：ED＝3：5
である。BD と EC の交点を F とするとき，△DEF の面積は平行四辺
形 ABCD の面積の何倍か，求めよ。

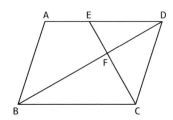

47 相似比を利用して体積比を求める問題

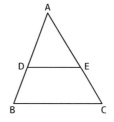

目標時間 15分

体積を求めたい立体の底面積や高さがわからなくても，相似比を使えば，体積比を求めることができるぞ。相似な図形の相似比と体積比の関係に注目しよう。

解答：別冊 p.25

★次の問いに答えなさい。

STEP 1
右の図で，△ABC∽△ADE である。AB＝10cm，AD＝6cm のとき，△ABC と△ADE の相似比を求めよ。

STEP 2
半径が 4cm の円 A と半径が 6cm の円 B がある。このとき，円 A と円 B の面積比を求めよ。

STEP 3
2 つの立方体 A，B があり，立方体 A，立方体 B の 1 辺の長さの比は 3：4 である。このとき，立方体 A と立方体 B の体積比を求めよ。

STEP 4
右の図のように，相似な 2 つの円柱 A，B がある。このとき，円柱 A と円柱 B の体積比を求めよ。

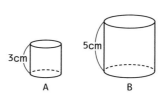

GOAL 5
右の図のように，底面の直径が 12cm，高さが 12cm の円錐の容器を，頂点を下にして底面が水平になるように置き，この容器に頂点からの高さが 6cm のところに水面がくるまで水を入れた。容器の中の水をさらに増やし，容器の底面までいっぱいに水を入れた。このときの体積は，水を増やす前に比べて何倍になったか求めよ。ただし，容器の厚さは考えないものとする。　（佐賀県・改）

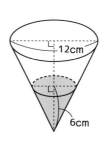

ヒント

STEP 1
相似比は，対応する線分の長さの比だね。

STEP 2
相似比が $m：n$ ならば，面積比は，$m^2：n^2$ だぞ。

STEP 3
相似比が $m：n$ ならば，体積比は，$m^3：n^3$ だぞ。

STEP 4
2 つの円柱は相似だから，高さの比が相似比となるよ。

GOAL 5
水が入っている部分は，相似な図形とみることができるぞ。

4 章 図形

わからないときは裏面へ

ココをおさえる！

STEP 1 相似比

相似な図形の対応する線分の長さの比が相似比

△ABC∽△ADE で，辺 AB に対応する辺は辺 AD

対応する辺

STEP 2 相似比と面積比の関係

相似比が $m:n$ ならば，面積比は $m^2:n^2$ である。

円は相似な図形だから，半径の比が相似比となる。

> **ポイント**
> 相似比と面積比
>
> 相似な 2 つの図形で，相似比が $m:n$ ならば，面積比は $m^2:n^2$

STEP 3 相似比と体積比の関係

相似比が $m:n$ ならば，体積比は $m^3:n^3$ である。

立方体は相似な図形だから，1 辺の長さの比が相似比となる。

> **ポイント**
> 相似比と体積比
>
> 相似な 2 つの図形で，相似比が $m:n$ ならば，体積比は $m^3:n^3$

STEP 4 相似比と体積比の関係

円柱 A，B は相似な図形で，高さの比が，3：5 だから，
相似比は 3：5 である。

GOAL 5 入試レベル 2 つの相似な図形を利用する

はじめに水が入っていた部分(A)と水を増やしたあとの部分(B)は，
相似な円錐と考えることができる。
A の円錐の高さと，B の円錐の高さの比は，
6：12＝1：2
容器の高さ

相似比は，1：2 だから，
体積比は，$1^3:2^3=1:8$

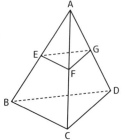

補習問題

1 右の図のように三角錐 A－BCD があり，辺 AB，AC，AD の中点をそれぞれ E，F，G とする。このとき，三角錐 A－BCD の体積は，三角錐 A－EFG の体積の何倍か。

(鹿児島県)

48

平行線と線分の比の関係を利用して長さを求める問題

目標時間 **10**分

三角形の相似が理解できたら，平行線と線分の比の関係が使えるぞ。対応する線分に注意しながら，平行線と線分の比の関係を使いこなそう。

解答：別冊 p.25

★次の問いに答えなさい。

HINT ヒント

STEP 1 右の図で，DE//BC のとき，線分 AD，BC の長さをそれぞれ求めよ。

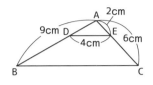

STEP 1
DE//BC だから，
AD：AB＝AE：AC＝DE：BC
だよ。

STEP 2 右の図で，DE//BC のとき，線分 CE の長さを求めよ。

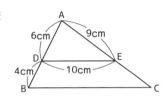

STEP 2
DE//BC だから，
AD：DB＝AE：EC だよ。

STEP 3 右の図で，DE//BC のとき，線分 BC の長さを求めよ。

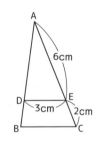

STEP 3
DE//BC だから，
DE：BC＝AE：AC だよ。

STEP 4 右の図で，DE//BC のとき，線分 BC の長さを求めよ。

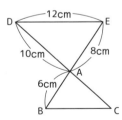

STEP 4
対応する辺に気をつけよう。

GOAL 5 右の図のような，AD＝2cm，BC＝5cm，AD//BC である台形 ABCD があり，対角線 AC，BD の交点を E とする。点 E から，辺 DC 上に辺 BC と線分 EF が平行となる点 F をとるとき，線分 EF の長さを求めよ。

（新潟県）

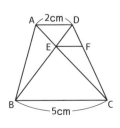

GOAL 5
AD//BC だから，
DE：EB＝AD：BC だよ。

わからないときは裏面へ

STEP 1 三角形と比の定理

DE//BC だから，AD：AB＝AE：AC＝DE：BC
AD：AB＝AE：AC より，
AD：9＝2：6
AE：AC＝DE：BC より，
2：6＝4：BC

ポイント
三角形と比の定理

PQ//BC ならば
❶ AP：AB＝AQ：AC＝PQ：BC
❷ AP：PB＝AQ：QC

STEP 2 三角形と比の定理

DE//BC だから，AD：DB＝AE：EC
AD：DB＝AE：EC より，
6：4＝9：EC

STEP 3 三角形と比の定理

DE//BC だから，DE：BC＝AE：AC
DE：BC＝AE：AC より，
$\underset{AE+EC}{AC}$
3：BC＝6：(6＋2)

ポイント
中点連結定理

2辺 AB，AC の中点を M，N とするとき，
❶ MN//BC
❷ MN＝$\frac{1}{2}$BC

STEP 4 三角形と比の定理

DE//BC だから，DA：AC＝EA：AB＝DE：BC
EA：AB＝DE：BC より，
8：6＝12：BC

GOAL 5 三角形と比の定理

AD//BC より，DE：EB＝AD：CB＝2：5
EF//BC より，DE：DB＝EF：BC
$\underset{DE+EB}{DB}$

補習問題

1 右の図で，AB，CD，EF は平行である。AB＝2cm，CD＝3cm のとき，EF の長さを求めよ。

（埼玉県 2022）

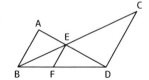

49 円周角の定理を使って 角の大きさを求める問題

目標時間 15分

円に接する図形の角の大きさを求める問題は，円周角の定理を使うことが多いぞ。弧の長さの条件があるときは，円周角と弧の関係が使えることに注目しよう。

解答：別冊 p.26

4章 図形

★次の問いに答えなさい。

HINT ヒント

STEP 1

右の図で，点 A～H は円 O の円周を 8 等分している。∠COD の大きさを求めよ。

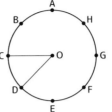

STEP 1

360°を 8 等分しているよ。

STEP 2

右の図で，点 A～H は円 O の円周を 8 等分している。∠CAD の大きさを求めよ。

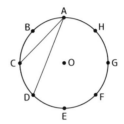

STEP 2

1 つの弧に対する円周角の大きさは，その弧に対する中心角の大きさの半分だぞ。

STEP 3

右の図で，点 A～H は円 O の円周を 8 等分している。∠CAD の大きさは，∠EHG の大きさの何倍か。

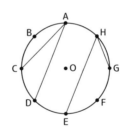

STEP 3, 4

弧の長さが 2 倍，3 倍…になると，円周角の大きさも 2 倍，3 倍，…になるよ。

STEP 4

右の図で，$\overset{\frown}{AB}$ の長さが $\overset{\frown}{CD}$ の長さの 3 倍であるとき，∠x の大きさを求めよ。

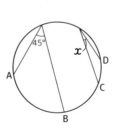

GOAL 5

$\overset{\frown}{BC}$ に対する円周角の大きさを考えよう。

GOAL 5

右の図のように，円 O の円周上に 4 つの点 A，B，C，D があり，線分 AC は円 O の直径である。∠BOC＝72°，$\overset{\frown}{CD}$ の長さが $\overset{\frown}{BC}$ の長さの $\dfrac{4}{3}$ 倍であるとき，∠x の大きさを答えよ。ただし，$\overset{\frown}{BC}$，$\overset{\frown}{CD}$ は，いずれも小さいほうの弧とする。

（新潟県）

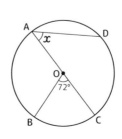

わからないときは裏面へ

STEP 1 弧の長さと中心角の大きさ

1つの円では，中心角の大きさは弧の長さに比例する。

$\overset{\frown}{CD}$ は円周の $\frac{1}{8}$ だから，∠COD は 360°の $\frac{1}{8}$

 STEP 2 中心角と円周角の関係

1つの弧に対する円周角の大きさは，
その弧に対する中心角の大きさの半分である。

$\overset{\frown}{CD}$ に対する中心角は，$\underset{\overset{\frown}{CD} \text{ の中心角}}{\underline{∠COD}} = 360° × \frac{1}{8} = 45°$

よって，$\overset{\frown}{CD}$ に対する円周角の大きさはその半分

 STEP 3 円周角と弧の関係

1つの円で，等しい弧に対する円周角は等しいから，
弧の長さが2倍になると，円周角の大きさも2倍になる。

 STEP 4 円周角と弧の関係

弧の長さが3倍になると，円周角の大きさも3倍になる。

GOAL 5 円周角の大きさを求める
入試レベル

$\overset{\frown}{BC}$ に対する中心角（∠BOC）の大きさは 72°だから，
$\overset{\frown}{BC}$ に対する円周角（∠BAC）の大きさは，

$∠BAC = 72° × \frac{1}{2} = 36°$

$\overset{\frown}{CD}$ の長さは $\overset{\frown}{BC}$ の $\frac{4}{3}$ 倍だから，

$\overset{\frown}{CD}$ に対する円周角（∠CAD＝∠x）の大きさは，

$\overset{\frown}{BC}$ に対する円周角（∠BAC）の大きさの $\frac{4}{3}$ 倍

ポイント
円周角の定理

1つの弧に対する円周角の大きさ
は，その弧に対する中心角の大き
さの半分である。

$∠APB = ∠AQB = \frac{1}{2}∠AOB$

ポイント
円周角と弧

1つの円で，

❶ 等しい円周角に対する弧の長
さは等しい。

❷ 等しい弧に対する円周角の大
きさは等しい。

補習問題

1 右の図のように，円Oの周上に4点A，B，C，Dがあり，点Cを含まない $\overset{\frown}{AB}$ の
長さが，点Aを含まない $\overset{\frown}{CD}$ の長さの2倍である。このとき，∠x の大きさを求め
よ。

（石川県）

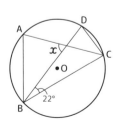

50 円の直径を利用して円周角の大きさを求める問題

目標時間 15分

半円の弧に対する円周角の大きさは90°になるぞ。円周角の問題では，円の直径が利用できないかどうかに注目しよう。

解答：別冊 p.26

★次の問いに答えなさい。

STEP 1

右の図で，∠BAC＝25°，∠ACB＝55°のとき，∠x の大きさを求めよ。

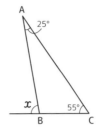

STEP 2

右の図で，4点 A，B，C，D は円 O の円周上の点である。∠AOB＝70°のとき，∠ACB，∠ADB の大きさをそれぞれ求めよ。

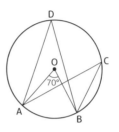

STEP 3

右の図で，3点 A，B，C は円 O の円周上の点で，線分 AB は円 O の直径である。このとき，∠ACB の大きさを求めよ。

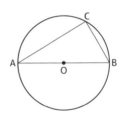

STEP 4

右の図で，3点 A，B，C は円 O の円周上の点で，線分 AB は円 O の直径である。このとき，∠ACO の大きさを求めよ。

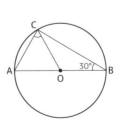

GOAL 5 入試レベル

右の図のように，円 O の円周上に 4 つの点 A，B，C，D があり，線分 BD は円 O の直径である。∠ABD＝33°，∠COD＝46°であるとき，∠x の大きさを求めよ。

（新潟県）

ヒント

STEP 1

三角形の外角は，それととなり合わない2つの内角の和に等しいよ。

STEP 2

1つの弧に対する円周角の大きさは，その弧に対する中心角の大きさの半分だぞ。

STEP 3

線分 AB は直径だから，⌢AB は半円の弧だね。

STEP 4

線分 OC，OB は円の半径だから，△OBC は二等辺三角形だよ。

GOAL 5

半円の弧に対する円周角の大きさは 90°であることを利用しよう。

わからないときは裏面へ

STEP 1 三角形の外角の性質

三角形の外角は，それととなり合わない 2 つの内角の和に等しい。

$\angle x = 55° + 25°$

STEP 2 中心角と円周角の関係・円周角と弧の関係

1 つの弧に対する円周角の大きさは，
その弧に対する中心角の大きさの半分。
また，1 つの円で，等しい弧に対する円周角は等しい。
$\angle$AOB は，$\overset{\frown}{AB}$ に対する中心角，
$\angle$ACB，$\angle$ADB は $\overset{\frown}{AB}$ に対する円周角である。

STEP 3 半円の弧に対する円周角

$\overset{\frown}{AB}$ は半円の弧だから，$\overset{\frown}{AB}$ に対する円周角は 90°である。

POINT **ポイント**
半円の弧に対する円周角

半円の弧に対する円周角は 90°である。

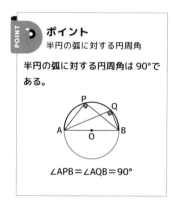

$\angle$APB＝$\angle$AQB＝90°

STEP 4 半円の弧に対する円周角を利用して角の大きさを求める

線分 OB，OC は円の半径だから，OB＝OC

二等辺三角形の底角

$\triangle$OBC は二等辺三角形だから，$\angle$OCB＝$\angle$OBC＝30°
$\overset{\frown}{AB}$ は半円の弧だから，$\angle$ACB＝90°

半円の弧に対する円周角

GOAL 5 半円の弧に対する円周角を利用して角の大きさを求める

$\overset{\frown}{CD}$ に対する中心角($\angle$COD)の大きさが 46°だから，
$\overset{\frown}{CD}$ に対する円周角($\angle$CAD)の大きさは，

$\angle$CAD＝$46° \times \dfrac{1}{2}$＝23°

線分 BD は直径だから，
$\overset{\frown}{BD}$ に対する円周角($\angle$BAD)の大きさは 90°

補習問題

1 右の図のように，4 点 A，B，C，D が線分 BC を直径とする同じ円周上にある
とき，$\angle$ADB の大きさを求めよ。

(佐賀県)

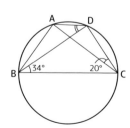

51 三平方の定理を使って 線分の長さを求める問題

三平方の定理を使って線分の長さを求める問題はよく出るぞ。公式にあてはめるだけでなく，線分の長さをxとおいて方程式として解く問題もあるので注意が必要だ。

★次の問いに答えなさい。

STEP 1

右の図のように，長方形 ABCD の頂点 B が辺 AD 上の点 F に重なるように折った。AB＝16cm，AE＝6cm のとき，線分 EF の長さを求めよ。

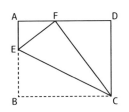

STEP 2

右の図のように，長方形 ABCD の頂点 B が辺 AD 上の点 F に重なるように折った。AE＝9cm，EB＝15cm のとき，線分 AF の長さを求めよ。

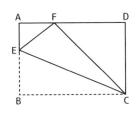

STEP 3

右の図で，x の値を求めよ。

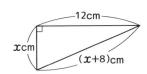

STEP 4

右の図のように，AB＝25cm，AD＝15cm の長方形 ABCD の頂点 B が頂点 D に重なるように折った。AE＝$x$cm とするとき，x の値を求めよ。

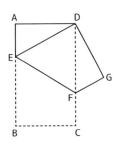

GOAL 5

入試レベル

1 辺の長さが 8cm の正方形 ABCD の折り紙がある。図のように，この折り紙の頂点 B を辺 AD の中点と重なるように折ったとき，頂点 B，C が移動した点をそれぞれ P，Q とする。AE＝$x$cm とするとき，x の値を求めよ。

（長崎県・改）

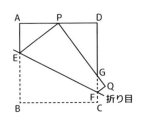

ヒント

STEP 1
折り返した線分の長さは等しいぞ。

STEP 2
直角三角形の 2 辺の長さがわかっているときは，三平方の定理を利用しよう。

STEP 3, 4
三平方の定理を利用して，x についての方程式をつくろう。

わからないときは裏面へ

STEP 1 折り返した図形の線分の長さ

折り返した図形は，もとの図形と合同だから，
対応する線分の長さは等しい。
△EBC≡△EFC より，EF＝EB

STEP 2 三平方の定理

直角三角形の 2 辺の長さがわかっているときは，
三平方の定理を利用する。
△AEF において，$AF^2 = \underline{EF^2} - AE^2$
斜辺

ポイント
三平方の定理

直角三角形の直角をはさむ 2 辺を
a，b，斜辺を c とすると，
$a^2 + b^2 = c^2$ が成り立つ。

STEP 3 三平方の定理を利用して方程式をつくる

$x^2 + 12^2 = \underset{斜辺}{(x+8)^2}$

直角をはさむ
2 辺

STEP 4 三平方の定理を利用して方程式をつくる

AE＝$x$cm，AD＝15cm，ED＝EB＝25－x(cm)だから，
△AED で三平方の定理を利用する。

$x^2 + 15^2 = \underset{斜辺}{(25-x)^2}$

直角をはさむ
2 辺

GOAL 5 三平方の定理を利用して方程式をつくる

AE＝$x$cm，AP＝$8 \times \dfrac{1}{2} = 4$(cm)，EP＝EB＝8－$x$(cm)だから，
△AEP で三平方の定理を利用する。

$x^2 + 4^2 = \underset{斜辺}{(8-x)^2}$

直角をはさむ
2 辺

補習問題

1 1 辺の長さが 6cm の正方形 ABCD がある。図は，正方形 ABCD を，頂点 A が辺
BC の中点 M に重なるように折り曲げたとき，折り目の線分を EF とし，頂点 D
が移る点を G，CD と GM の交点を H としたものである。△EBM で BE の長さを
$x$cm として，x についての方程式を書き，BE の長さを求めよ。 （長野県・改）

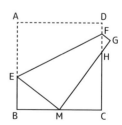

52 三平方の定理を使って立体の体積を求める問題

三平方の定理は，立体の高さを求めるときにもよく利用するぞ。頂点から底面に垂線をひいてできる直角三角形に着目しよう。

解答：別冊 p.27

★次の問いに答えなさい。

ヒント HINT !

STEP 1
右の図で，1辺が 10cm の正方形 ABCD の対角線の交点を O とするとき，線分 OA の長さを求めよ。

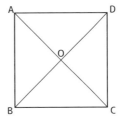

STEP 1
△ABO は 90°，45°，45° の直角二等辺三角形だよ。

STEP 2
右の正四角錐 O－ABCD で，OA＝9cm，AH＝6cm のとき，OH の長さを求めよ。

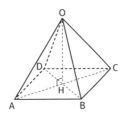

STEP 2
△OAH で三平方の定理を利用しよう。

STEP 3
四角錐の体積は，

$\dfrac{1}{3} \times$（底面積）$\times$（高さ）

だぞ。

STEP 3
右の正四角錐 O－ABCD で，AB＝9cm，OH＝8cm のとき，正四角錐 O－ABCD の体積を求めよ。

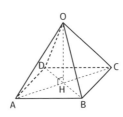

GOAL 4
OH が正四角錐の高さになるぞ。

GOAL 4 入試レベル

図は，底面が正方形で，側面が二等辺三角形の正四角錐 O－ABCD である。OA＝6cm，AB＝4cm で，点 H は正方形 ABCD の対角線の交点とするとき，正四角錐 O－ABCD の体積を求めよ。

（岡山県・改）

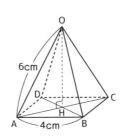

わからないときは裏面へ

STEP 1 特別な直角三角形の辺の比

△ABO は直角二等辺三角形だから，辺の長さの比は，
AO：BO：AB＝1：1：$\sqrt{2}$
斜辺

POINT ポイント
特別な直角三角形の辺の比

❶ 直角二等辺三角形

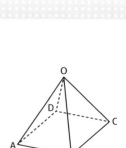

❷ 30°，60°，90°の直角三角形

STEP 2 三平方の定理

△OAH は直角三角形だから，
$AH^2 + OH^2 = OA^2$

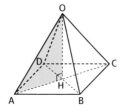

STEP 3 正四角錐の体積を求める

角錐の体積 V は，底面積を S，高さを h とすると，$V = \dfrac{1}{3}Sh$

正四角錐 O－ABCD は，底面が正方形 ABCD，高さが OH

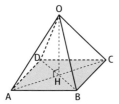

GOAL 4 立体の高さを求めてから体積を求める
入試レベル

△OAH で $AH^2 + OH^2 = OA^2$ から，高さ OH を求める。
△ABH は直角二等辺三角形だから，
AH：AB＝1：$\sqrt{2}$ より，AH＝$2\sqrt{2}$ cm

補習問題

1 図で，立体 O－ABCD は，正方形 ABCD を底面とする正四角錐である。OA＝9cm，AB＝6cm のとき，正四角錐 O－ABCD の体積は何 cm³ か，求めよ。（愛知県・改）

53 相対度数を利用する問題

目標時間 **10** 分

度数分布表やヒストグラムを利用すると，データの散らばりや傾向を把握できるぞ。度数の合計が異なるデータを比べるときは，相対度数を利用しよう。

解答：別冊 p.28

 ヒント

★次の文章を読んで，あとの問いに答えなさい。

表1，表2は，それぞれA中学校の3年生全員25人とB中学校の3年生全員75人が行った長座体前屈の記録を度数分布表にまとめたものである。

（山口県・改）

表1　A中学校

階級（cm）以上　未満	度数（人）
20 〜 30	1
30 〜 40	5
40 〜 50	9
50 〜 60	6
60 〜 70	4
計	25

表2　B中学校

階級（cm）以上　未満	度数（人）
20 〜 25	2
25 〜 30	3
30 〜 35	6
35 〜 40	8
40 〜 45	10
45 〜 50	15
50 〜 55	12
55 〜 60	10
60 〜 65	7
65 〜 70	2
計	75

GOAL 2

階級値とは，階級の真ん中の値のことだよ。

STEP 1
データの中で最も多く現れている値を何というか。次のア〜ウから1つ選び，記号で答えよ。
ア　中央値
イ　平均値
ウ　最頻値

STEP 3

表3の60cm以上70cm未満の階級の度数は，表2の60cm以上65cm未満の階級の度数と65cm以上70cm未満の階級の度数の合計だよ。

GOAL 2
表1をもとに，A中学校の3年生全員の最頻値を，階級値で答えよ。

STEP 4

度数の合計は25人だよ。

STEP 3
A中学校とB中学校の3年生全員の記録を比較するために，階級の幅をA中学校の10cmにそろえ，表3のように度数分布表を整理した。表3において，B中学校の記録が60cm以上70cm未満の階級の度数を求めよ。

表3

階級（cm）	度数（人）	
以上　未満	A中学校	B中学校
20 〜 30	1	5
30 〜 40	5	14
40 〜 50	9	25
50 〜 60	6	
60 〜 70	4	
計	25	75

GOAL 5

60cm以上70cm未満の階級の相対度数を比べよう。

STEP 4
表3において，A中学校の記録が60cm以上70cm未満の階級の相対度数を求めよ。

GOAL 5
記録が60cm以上70cm未満の生徒の割合は，どちらの中学校のほうが大きいか答えよ。

 わからないときは裏面へ

ココをおさえる！

STEP 1 代表値の意味をおさえる

中央値…データの値を大きさの順に並べたときの中央の値
平均値…データのそれぞれの値が等しくなるようにならした値
最頻値…データの中で最も多く現れている値

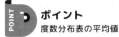
ポイント
度数分布表の平均値

$$平均値 = \frac{(階級値 \times 度数)の合計}{度数の合計}$$

GOAL 2 度数分布表から最頻値を求める

度数分布表やヒストグラムにおいて，度数が最も多い階級の階級値が，そのデータの最頻値となる。
階級値とは，階級の真ん中の値である。

STEP 3 階級の幅をそろえる

階級(cm)	度数(人)
以上　未満	
20 ～ 25	2
25 ～ 30	3
30 ～ 35	6
35 ～ 40	8
40 ～ 45	10
⋮	⋮

—— 記録が 20cm 以上 30cm 未満の度数の合計
—— 記録が 30cm 以上 40cm 未満の度数の合計

STEP 4 相対度数を求める

度数の合計に対する各階級の度数の割合を，その階級の相対度数という。

ポイント
相対度数

$$相対度数 = \frac{その階級の度数}{度数の合計}$$

GOAL 5 度数の合計が異なるデータを比べるときは，相対度数を利用する

B 中学校の記録が 60cm 以上 70cm 未満の階級の相対度数を求め，④で求めた A 中学校の相対度数と大きさを比べればよい。

補習問題

1 右の表１は，A 中学校におけるハンドボール投げの記録を度数分布表に整理したものである。表１をもとに，表２の B 中学校の度数分布表を推定する。
(滋賀県・改)

(1) A 中学校の最頻値を求めよ。

(2) A 中学校と B 中学校の 10m 以上 20m 未満の階級の相対度数が等しいとしたとき，表２の(ア)にあてはまる度数を求めよ。

表 1
A 中学校

階級(m)	度数(人)
以上　未満	
0 ～ 10	44
10 ～ 20	66
20 ～ 30	75
30 ～ 40	35
合計	220

表 2
B 中学校

階級(m)	度数(人)
以上　未満	
0 ～ 10	
10 ～ 20	(ア)
20 ～ 30	
30 ～ 40	
合計	60

54 ヒストグラムから代表値を読み取る問題

目標時間 10分

度数分布表やヒストグラムでは，正誤問題がよく出題されるぞ。幅広い知識が必要となるから，まずは代表値や基本的な用語について確認しよう！

解答：別冊 p.28

★次の文章を読んで，あとの問いに答えなさい。

A 中学校の 3 年生男子 100 人と B 中学校の 3 年生男子 50 人の，ハンドボール投げの記録をとった。下の図は，A 中学校，B 中学校の記録をそれぞれ，階級の幅を 5m として整理した度数分布表を，ヒストグラムに表したものである。たとえば，5m 以上 10m 未満の階級の度数は，A 中学校は 3 人，B 中学校は 1 人である。

（宮城県・改）

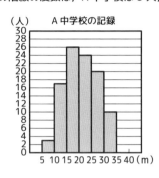
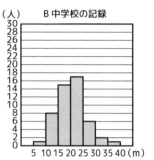

HINT ヒント

STEP 1
データの個数は偶数個だね。中央値はわからなくても，中央値が入っている階級は求めることができるよ。

STEP 3
ヒストグラムでは，度数が最も多い階級の階級値が最頻値だよ。

STEP 4
A 中学校の度数の合計は 100 人だね。

STEP 5
累積相対度数は，累積度数を使って求めるよ。

STEP 1 A 中学校のヒストグラムで，中央値が入っている階級を求めよ。

STEP 2 A 中学校のヒストグラムで，最大値が入っている階級を求めよ。

STEP 3 B 中学校のヒストグラムで，最頻値を求めよ。

STEP 4 A 中学校のヒストグラムで，25m 以上 30m 未満の階級の相対度数を求めよ。

STEP 5 B 中学校のヒストグラムで，15m 以上 20m 未満の階級の累積相対度数を求めよ。

GOAL 6 入試レベル
A 中学校と B 中学校のヒストグラムから必ずいえることを，次のア～オからすべて選び，記号で答えよ。
　ア　記録の中央値が入っている階級は，A 中学校と B 中学校で同じである。
　イ　記録の最大値は，A 中学校のほうが B 中学校よりも大きい。
　ウ　記録の最頻値は，A 中学校のほうが B 中学校よりも大きい。
　エ　記録が 25m 以上 30m 未満の階級の相対度数は，A 中学校のほうが B 中学校よりも大きい。
　オ　記録が 15m 以上 20m 未満の階級の累積相対度数は，A 中学校のほうが B 中学校よりも大きい。

わからないときは裏面へ

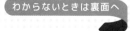

STEP **1** データの個数が偶数個のときの中央値

中央値とは，データの値を大きさの順に並べたときの中央の値である。
たとえば，データの個数が 10 個のときは，5 個目の値と 6 個目の値の平均が中央値となる。

○ ○ ○ ○ ● ┆ ● ○ ○ ○ ○
　　　　　　中央値　↑

A 中学校では，50 個目の値と 51 個目の値が入る階級を求めればよい。

STEP **2** 最大値

データの中で，最も大きい値を最大値という。

STEP **3** 最頻値

階級値とは，階級の真ん中の値である。
ヒストグラムにおいて，度数が最も多い階級の階級値を最頻値という。

STEP **4** 相対度数

度数の合計に対する各階級の度数の割合を，その階級の相対度数という。

$$相対度数 = \frac{その階級の度数}{度数の合計}$$

STEP **5** 累積相対度数

最も小さい階級から，ある階級までの度数の合計を累積度数といい，
相対度数の合計を累積相対度数という。
累積相対度数は，累積度数を度数の合計でわって求めることもできる。
5m 以上 10m 未満の階級の度数は 1 人
10m 以上 15m 未満の階級の度数は 8 人
15m 以上 20m 未満の階級の度数は 15 人
15m 以上 20m 未満の階級の累積度数は，1＋8＋15＝24（人）

> **POINT ポイント**
> 累積相対度数
>
> $$累積相対度数 = \frac{その階級の累積度数}{度数の合計}$$

補習問題

1 右の図は，あるクラスの生徒 30 人が 4 月と 5 月に図書室で借りた本の冊数をそれぞれヒストグラムに表したものである。たとえば，借りた本の冊数が 0 冊以上 2 冊未満の生徒は，4 月では 6 人，5 月では 3 人であることを示している。4 月と 5 月のヒストグラムを比較した内容として正しいものを，次のア〜オの中からすべて選び，記号で答えよ。
（和歌山県・改）

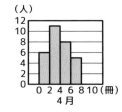
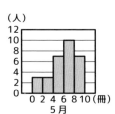

ア　階級の幅は等しい。
イ　最頻値は 4 月のほうが大きい。
ウ　中央値は 5 月のほうが大きい。
エ　4 冊以上 6 冊未満の階級の相対度数は 5 月のほうが大きい。
オ　借りた冊数が 6 冊未満の人数は等しい。

55 箱ひげ図を読み取る問題

目標時間 **15**分

箱ひげ図から，範囲や四分位範囲を読み取れるようになろう。また，箱ひげ図からは読み取れないこともあるぞ。注意しよう。

解答：別冊 p.29

★次の文章を読んで，あとの問いに答えなさい。

あるクラスの生徒 35 人が，数学と英語のテストを受けた。図は，それぞれのテストについて，35 人の得点の分布のようすを箱ひげ図に表したものである。

（兵庫県・改）

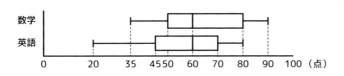

ヒント

STEP 1
箱ひげ図から読み取ることができる値を，次のア〜ウから 1 つ選び，記号で答えよ。
ア　中央値　　イ　平均値　　ウ　最頻値

> **STEP 1**
> 箱ひげ図は，四分位数と最小値と最大値を表したものだよ。

STEP 2
上の図から読み取れることとして正しいものを，次のア〜ウから 1 つ選び，記号で答えよ。
ア　数学の第 1 四分位数は 35 点である。
イ　数学と英語の合計得点が 200 点である生徒がいる。
ウ　英語の得点が 20 点である生徒が必ずいる。

> **STEP 2**
> イ…数学と英語の最大値に注目しよう。

STEP 3
上の図から読み取れることとして正しいものを，次のア〜エから 1 つ選び，記号で答えよ。
ア　英語の平均点は 50 点である。
イ　英語の第 3 四分位数は 70 点である。
ウ　数学と英語の合計得点が 120 点である生徒が必ずいる。
エ　数学の得点が 40 点である生徒が必ずいる。

> **STEP 3**
> 箱ひげ図から読み取れる値と読み取れない値を確認しよう。

GOAL 4 入試レベル
上の図から読み取れることとして正しいものを，次のア〜エからすべて選び，記号で答えよ。
ア　数学，英語どちらの教科も平均点は 60 点である。
イ　四分位範囲は，英語より数学のほうが大きい。
ウ　数学と英語の合計得点が 170 点である生徒が必ずいる。
エ　数学の得点が 80 点である生徒が必ずいる。

> **GOAL 4**
> イ…箱ひげ図より，第 1 四分位数と第 3 四分位数がわかるから，四分位範囲を求めることができるね。

わからないときは裏面へ

STEP 1 箱ひげ図から読み取れる値

箱ひげ図から読み取ることができる値は，最小値，第 1 四分位数，第 2 四分位数(中央値)，第 3 四分位数，最大値である。

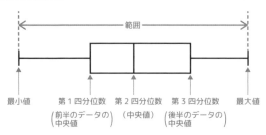

STEP 2 箱ひげ図の最大値・最小値

イ…箱ひげ図の最大値を読み取ると，数学の最大値は 90 点，英語の最大値は 80 点である。
ウ…箱ひげ図の最大値と最小値は，実際にその得点の生徒がいることを示している。

STEP 3 箱ひげ図から読み取れること

ウ…データの個数が奇数個なので，数学，英語のどちらの教科においても，
第 2 四分位数(中央値)の 60 点をとった生徒がいることは読み取れる。
しかし，数学の得点が 60 点だった生徒が英語の得点も 60 点だったとは限らない。

GOAL 4 四分位範囲の求め方

イ…四分位範囲は，第 3 四分位数から第 1 四分位数をひいて求める。

ポイント
四分位範囲

四分位範囲
＝第 3 四分位数－第 1 四分位数

補習問題

1 ある中学校の A 組 40 人と B 組 40 人の生徒が，20 点満点のクイズに挑戦した。右の箱ひげ図は，そのときの 2 クラス 40 人ずつの得点の分布を表したものである。この箱ひげ図から読み取れることを正しく説明しているのは，ア～エのうちではどれか。あてはまるものをすべて選び，記号で答えよ。 (岡山県)

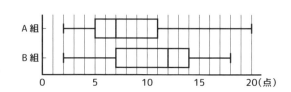

ア 四分位範囲は，A 組よりも B 組のほうが大きい。
イ 2 クラス全体の中で，得点がいちばん高い生徒は B 組にいる。
ウ A 組の第 3 四分位数は，B 組の第 2 四分位数より大きい。
エ 得点が 12 点以上の生徒の人数は，B 組が A 組の 2 倍以上である。

56 カードを使った確率の問題

目標時間
15分

まず，起こりうる場合の数が全部で何通りあるかを求めよう。そのうち，条件にあてはまるのは全部で何通りあるかを考えよう。

解答：別冊 p.30

★次の文章を読んで，あとの問いに答えなさい。

1 から 6 までの数字を 1 つずつ書いた 6 枚のカードがある。下の図は，その 6 枚のカードを示したものである。この 6 枚のカードをよくきってから同時に 2 枚引く。ただし，どのカードが引かれることも同様に確からしいものとする。

（静岡県・改）

| 1 | 2 | 3 | 4 | 5 | 6 |

STEP 1
引いた 2 枚のカードのどちらにも 1 が書いてある場合はないね。

STEP 2
樹形図をかいて考えよう。同時に 2 枚引くことと，重複がないように数えることに注意しよう。

STEP 3
1 以外の数で 2 つの数をわり切る数がない場合を考えよう。

GOAL 4
❷，❸を確率の形で表そう。

STEP **1** 引いた 2 枚のカードのうち，片方のカードに書いてある数字が 1 のとき，2 枚のカードの引き方は全部で何通りあるか求めよ。

STEP **2** 2 枚のカードの引き方は，❶を含めて全部で何通りあるか求めよ。

STEP **3** ❷のうち，引いたカードに書いてある 2 つの数の公約数が 1 しかない場合は全部で何通りあるか求めよ。

GOAL **4** 引いたカードに書いてある 2 つの数の公約数が 1 しかない確率を求めよ。
入試レベル

わからないときは裏面へ

STEP 1　もう片方のカードに書いてある数字を考える

次のように，引いた 2 枚のカードのうち，片方のカードに書いてある数字が 1 のとき，もう片方のカードに書いてある数字は，2，3，4，5，6 の場合が考えられる。

 2　3　4　5　6

STEP 2　全部の場合の数を数え上げる

次のように樹形図をかいていき，重複がないように数える。このとき，「同時に 2 枚引く」ことから，たとえば，1－2 と 2－1 は同じである（重複している）ことに注意する。

1 が書いてあるカードと 2 が書いてあるカードの
組み合わせはすでに数え上げている

STEP 3　公約数が 1 しかない 2 つの数

❷で書き出した 2 つの数のすべての組み合わせについて，公約数を調べていく。
たとえば，2 と 4 の公約数は 1，2 だから，条件にあてはまらない。

GOAL 4　確率を求める

起こりうる場合…n 通り
n 通りのうち，ことがら A が起こる場合…a 通りとする。

このとき，ことがら A が起こる確率は，$\dfrac{a}{n}$ と求めることができる。

> **ポイント**
> 確率
>
> あることがらが起こる確率
> $= \dfrac{あることがらが起こる場合}{起こりうるすべての場合}$

補習問題

1　1 から 5 までの数字を 1 つずつ書いた 5 枚のカード ① ② ③ ④ ⑤ が，袋の中に入っている。この袋の中からカードを 1 枚取り出して，そのカードの数字を十の位の数とし，残った 4 枚のカードから 1 枚取り出して，そのカードの数字を一の位の数として，2 けたの整数をつくる。このとき，つくった整数が偶数になる確率を求めよ。
（岐阜県）

2　右の図のような，数字 1，2，3，4，5 が 1 つずつ書かれた 5 枚のカードが入った袋がある。袋の中のカードをよく混ぜ，同時に 3 枚取り出すとき，取り出した 3 枚のカードに書かれた数の和が 3 の倍数となる確率を求めよ。
（山口県）

57 さいころを使った 確率の問題

目標時間 15分

確率では，倍数や約数，素数など，数の性質の問題もよく出るぞ。条件にあてはまる場合を，重複に気をつけてひとつひとつ数え上げていこう。

解答：別冊 p.30

★次の文章を読んで，あとの問いに答えなさい。

1 から 6 までのどの目が出ることも，同様に確からしいさいころが 1 個ある。このさいころを 2 回投げて，1 回目に出た目の数を a，2 回目に出た目の数を b とする。

（香川県・改）

ヒント

STEP 1
さいころの目の出方は全部で何通りか求めよ。

STEP 2
$a=1$ のとき，$10a+b$ の値が 8 の倍数になる場合はあるか，答えよ。また，ある場合は，そのときの b の値を求めよ。

STEP 2
$a=1$ のとき，$10a+b$ の値は，11，12，13，14，15，16 のいずれかになるぞ。

STEP 3
$a=4$ のとき，$10a+b$ の値が 8 の倍数になる場合はあるか，答えよ。また，ある場合は，そのときの b の値を求めよ。

STEP 3
$a=4$ のとき，$10a+b$ の値は，41，42，43，44，45，46 のいずれかになるぞ。

STEP 4
$10a+b$ の値が 8 の倍数になるのは，❷，❸を含め全部で何通りか求めよ。

STEP 4
❷，❸のように，$a=2$，3，…の場合を考えていこう。先に 8 の倍数を書き出して，さいころの目で表せるかを考えてもいいよ。

GOAL 5
$10a+b$ の値が 8 の倍数になる確率を求めよ。

GOAL 5
❹で求めた場合の数を利用しよう。

わからないときは裏面へ

STEP 1 さいころを2回投げるときのさいころの目の出方

右の表で，①は $a=1$，$b=1$ の場合，②は $a=2$，$b=1$ の場合を表している。よって，かげをつけた部分の数を数えれば，すべての場合の数がわかる。

b＼a	1	2	3	4	5	6
1	①	②				
2						
3						
4						
5						
6						

STEP 2 $a=1$ を代入して b の値を考える

$10a+b$ に $a=1$ を代入すると，$10+b$
b は 1，2，3，4，5，6 のいずれかだから，
$10a+b$ は 11～16 の整数となる。
この中に 8 の倍数があるかを考える。

STEP 3 $a=4$ を代入して b の値を考える

❷と同様に，$10a+b$ に $a=4$ を代入すると，$40+b$
41～46 の整数の中に，8 の倍数があるかを考える。

STEP 4 $a=2$，3，…を代入して b の値を考える

❷，❸以外に考えられる a の値を $10a+b$ に代入し，8 の倍数があるかを考える。

GOAL 5 入試レベル　確率を求める

$10a+b$ の値が 8 の倍数になる確率 $=\dfrac{10a+b \text{の値が 8 の倍数になる場合}}{\text{さいころの目の出方}}$

補習問題

1 1 から 6 までの目があるさいころを 2 回投げ，1 回目に出た目の数を a，2 回目に出た目の数を b とする。このとき，$\dfrac{a}{b}=2$ となる確率を求めよ。ただし，さいころの 1 から 6 までの目の出方は同様に確からしいものとする。

（京都府・改）

2 大小 2 つのさいころを同時に 1 回投げ，大きいさいころの出た目の数を十の位の数，小さいさいころの出た目の数を一の位の数としてできる 2 けたの数を m としたとき，m が素数となる確率を求めよ。ただし，さいころの目の出方は，1，2，3，4，5，6 の 6 通りであり，どの目が出ることも同様に確からしいものとする。

（三重県・改）

58 玉を使った確率の問題

取り出した玉を，袋や箱の中に戻すのかどうかで考え方は変わるぞ。問題文をよく読んで，場合の数を考えよう。

解答：別冊 p.31

★次の文章を読んで，あとの問いに答えなさい。

袋の中に，赤玉 2 個と白玉 1 個が入っている。この袋の中から玉を 1 個取り出し，色を調べて袋の中に戻してから，もう一度，玉を 1 個取り出す。

（兵庫県・改）

ヒント

STEP 1
1 回目に取り出す 1 個の玉の取り出し方は全部で何通りか求めよ。

> **STEP 1**
> 「赤玉を取り出す場合と白玉を取り出す場合の 2 通り」と考えてはいけないよ。同じ色の玉も区別して考えよう。

STEP 2
1 回目に取り出したのが白玉のとき，2 個の玉の取り出し方は全部で何通りか求めよ。

> **STEP 2, 3**
> 赤玉を❶，❷のように区別して樹形図をかこう。

STEP 3
1 回目に取り出したのが赤玉のとき，2 個の玉の取り出し方は全部で何通りか求めよ。

> **STEP 4**
> ❷と❸の場合をたしてみよう。

STEP 4
2 個の玉の取り出し方は全部で何通りか求めよ。

> **STEP 5**
> ❷，❸の玉の取り出し方から，2 回とも赤玉のものを数え上げよう。

STEP 5
❹のうち，2 回とも赤玉が出るのは何通りか求めよ。

GOAL 6
2 回とも赤玉が出る確率を求めよ。

入試レベル

わからないときは裏面へ

STEP **1** 1回目の玉の取り出し方

赤玉を❶，❷，白玉を③として考える。

STEP **2** 1回目の玉を袋に戻す場合の2回目の玉の取り出し方

❶同様，赤玉を❶，❷，白玉を③として考える。また，右のように，1回目の玉を袋の中に
戻すことから，2回とも白玉が出る場合もあることに注意する。

STEP **3** 1回目の玉を袋に戻す場合の2回目の玉の取り出し方

❶，❷同様，赤玉を❶，❷，白玉を③として考える。1回目の玉は❶の場合と❷の場合が考えられることに
注意して数え上げる。

STEP **4** すべての場合の数を求める

❷，❸より，すべての2個の玉の取り出し方を求めることができる。

> **ポイント**
> 確率の性質
>
> Aの起こる確率を p とすると，
> Aの起こる確率の範囲は，
>
> $$0 \leqq p \leqq 1$$
>
> けっして　　　　　　必ず起こるとき
> 起こらないとき
>
> また，Aの起こらない確率は，
>
> $$1-p$$

STEP **5** 条件にあてはまる場合の数を求める

❷，❸でかいたすべての取り出し方から，条件にあてはまるものを数え
上げる。

GOAL **6** 確率を求める

入試レベル

❹，❺より，条件にあてはまる場合の確率を求めることができる。

補習問題

1 箱の中に，赤玉，白玉，青玉が1個ずつ，合計3個の玉が入っている。箱の中をよ
く混ぜてから玉を1個取り出し，その色を確認したあと，箱の中に戻す。これをも
う1回繰り返して，玉を合計2回取り出すとき，2回のうち1回だけ赤玉が出る確
率を求めよ。
（群馬県）

2 袋の中に，白玉2個，赤玉1個，青玉1個が入っている。この袋の中から玉を1個取り出し，色を調べて
袋の中に戻してから，もう一度，玉を1個取り出す。このとき，白玉が1回も出ない確率を求めよ。

59 標本調査

目標時間 **10**分

割合（比）が同じである数量に注目し，方程式をつくろう。何をxとするかが重要だぞ。

解答：別冊 p.31

★次の文章を読んで，あとの問いに答えなさい。

箱の中に赤玉だけがたくさん入っている。その箱の中に，赤玉と同じ大きさの白玉 100 個を入れ，よくかき混ぜたあと，その中から 20 個の玉を無作為に抽出すると，白玉がちょうど 4 個含まれていた。はじめに箱の中に入っていた赤玉の個数を x 個とする。

（長崎県・改）

STEP 1 白玉 100 個を入れたあとの箱の中の赤玉の個数と白玉の個数の合計を x を使って表せ。

STEP 2 はじめに箱の中に入っていた赤玉の個数を求めるために，次のような比例式をつくった。⑥にあてはまる比を，ア～ウから選び，記号で答えよ。

$(x+100):100=$ ⑥
ア 80:40　イ 20:4　ウ 16:4

STEP 3 無作為に抽出した 20 個の玉について，赤玉の個数と白玉の個数の比を最も簡単な整数の比で表せ。

STEP 4 はじめに箱の中に入っていた赤玉の個数を，②とはちがう方法で求めるために，次のような比例式をつくった。⑩にあてはまる比を，ア～ウから選び，記号で答えよ。

⑩ $=16:4$
ア $(x+100):100$　イ $x:100$　ウ $x:20$

GOAL 5 はじめに箱の中に入っていた赤玉の個数はおよそ何個と考えられるか。

ヒント

STEP 1
赤玉の個数を x とするよ。

STEP 2
まず，$(x+100):100$ が何の比を表しているか考えよう。

STEP 3
20 個のうち，白玉は 4 個だよ。

STEP 4
まず，16:4 が何の比を表しているか考えよう。

GOAL 5
②か④の比例式を解いて答えよう。

わからないときは裏面へ

STEP 1 数量を x を使って表す

（はじめに箱の中に入っていた赤玉の個数）＋（加えた白玉の個数）＝（個数の合計） である。
　　　　　　x　　　　　　　　　　　　　　　100

STEP 2 比例式をつくる

$x＋100$ → 白玉 100 個を入れたあとの箱の中の玉の個数の合計 である。
（白玉 100 個を入れたあとの箱の中の玉の個数の合計）：（加えた白玉の個数） と
　　　　　　　$x＋100$　　　　　　　　　　　　　　　　　　100

（無作為に抽出した玉の個数）：（無作為に抽出した玉に含まれていた白玉の個数） は
　　　　20　　　　　　　　　　　　　　　　　4

同じ比であると考えられる。

STEP 3 比を求める

20 個の玉のうち，白玉が 4 個なので，赤玉は 16 個とわかる。
ここから，赤玉の個数と白玉の個数の比を表す。

STEP 4 比例式をつくる

（はじめに箱の中に入っていた赤玉の個数）：（加えた白玉の個数） と
　　　　　　　x　　　　　　　　　　　　　100

（無作為に抽出した赤玉の個数）：（無作為に抽出した白玉の個数） は
　　　16　　　　　　　　　　　　　4

同じ比であると考えられる。

GOAL 5 比例式から x の数量を推定する

またはのどちらの比例式を解いてもよい。

補習問題

1　袋の中に，白い碁石と黒い碁石が合わせて 500 個入っている。この袋の中の碁石をよくかき混ぜ，60 個の碁石を無作為に抽出したところ，白い碁石は 18 個含まれていた。この袋の中に入っている 500 個の碁石には，白い碁石がおよそ何個含まれていると推定できるか，求めよ。
（秋田県）

2　箱の中に同じ大きさの白玉だけがたくさん入っている。この箱の中に，同じ大きさの黒玉を 50 個入れてよくかき混ぜたあと，この箱の中から 40 個の玉を無作為に抽出すると，その中に黒玉が 3 個含まれていた。この結果から，はじめにこの箱の中に入っていた白玉の個数はおよそ何個と考えられるか。一の位を四捨五入して答えよ。
（京都府）

本書に関するアンケートにご協力ください。
右のコードか URL からアクセスし、以下のアンケート番号を
入力してご回答ください。
当事業部に届いたものの中から抽選で年間 200 名様に、
「図書カードネットギフト」500 円分をプレゼントいたします。

アンケート番号：305704

https://ieben.gakken.jp/qr/tiisaku/

小さく分けて解く 高校入試 数学

編集協力　（有）マイプラン

ブックデザイン　minna

カバーイラスト　德永明子

本文イラスト　德永明子

DTP　株式会社明昌堂

データ管理コード 22 - 2031 - 3624 (2023)

この本は下記のように環境に配慮して製作しました。

・製版フィルムを使用しない CTP 方式で印刷しました。

・環境に配慮して作られた紙を使用しています。

小さく分けて解く高校入試

数学

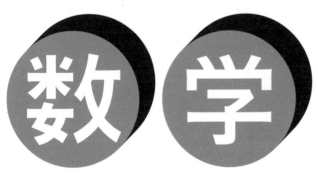

解答と解説

Gakken

01 正負の数の計算

本冊
p.9〜10

解答

❶ 36　❷ −4　❸ −56　❹ 19　❺ −3
❻ −110

- 補習問題 -

① 22　　　　② −31

解説

❶ $(-6)^2=(-6)\times(-6)=36$

❷ $-3^2+5=-(3\times3)+5=-9+5=-4$

❸ $2^3\times(-7)=8\times(-7)=-(8\times7)=-56$

❹ $-9-(-12)+16=-9+12+16$
$=-9+28=19$

❺ $-3\times5-48\div(-4)=-15-(-12)$
$=-15+12=-3$

❻ $18-(-4)^2\times8=18-16\times8=18-128=-110$

- 補習問題 -

① $(-5)^2-9\div3=(-5)\times(-5)-3$
$=25-3$
$=22$

② $5+4\times(-3^2)=5+4\times(-9)$
$=5+(-36)$
$=5-36$
$=-31$

02 分数の混じった正負の数の計算

本冊
p.11〜12

解答

❶ $\dfrac{1}{21}$　❷ −16　❸ $\dfrac{8}{3}$　❹ 3　❺ −7

- 補習問題 -

① −13　　　　② −22

解説

❶ $-\dfrac{2}{7}+\dfrac{1}{3}=-\dfrac{6}{21}+\dfrac{7}{21}=\dfrac{1}{21}$

❷ $(-12)\div\dfrac{3}{4}=(-12)\times\dfrac{4}{3}=-16$

❸ $\dfrac{3}{2}\times\left(-\dfrac{4}{3}\right)^2=\dfrac{3}{2}\times\dfrac{16}{9}=\dfrac{3\times16}{2\times9}=\dfrac{8}{3}$

❹ $15\times\dfrac{2}{5}-3=6-3=3$

❺ $1-6^2\div\dfrac{9}{2}=1-36\times\dfrac{2}{9}=1-8=-7$

- 補習問題 -

① $-5^2+18\div\dfrac{3}{2}=-(5\times5)+18\times\dfrac{2}{3}$
$=-25+12=-13$

② $(-6)^2\div\left(-\dfrac{9}{4}\right)-6=36\times\left(-\dfrac{4}{9}\right)-6$
$=-\left(36\times\dfrac{4}{9}\right)-6$
$=-16-6=-22$

03 累乗がある文字式の計算

本冊
p.13〜14

解答

❶ a^5　❷ a^2　❸ $15x^2y^3$　❹ $4ab$　❺ a^3b

❻ $\dfrac{12}{b}$

- 補習問題 -

① $-\dfrac{6y^2}{x}$　　　　② $3a^3$

解説

❶ $a^2\times a^3=a\times a\times a\times a\times a=a^5$

❷ $a^5\div a^3=\dfrac{a^5}{a^3}=\dfrac{a\times a\times a\times a\times a}{a\times a\times a}=a^2$

❸ $3xy^2\times5xy=3\times x\times y\times y\times5\times x\times y$
$=3\times5\times x\times x\times y\times y\times y$
$=15\times x^2y^3=15x^2y^3$

❹ $12a^2b^2\div3ab=\dfrac{12a^2b^2}{3ab}$
$=\dfrac{12\times a\times a\times b\times b}{3\times a\times b}$
$=4ab$

❺ $a^2b^3\div ab^2\times a^2=\dfrac{a^2b^3\times a^2}{ab^2}$
$=\dfrac{a\times a\times b\times b\times b\times a\times a}{a\times b\times b}$
$=a^3b$

⑥ $8a^2b \div (-2a^3b^2) \times (-3a) = +\dfrac{8a^2b \times 3a}{2a^3b^2}$

$\qquad\qquad\qquad\qquad = \dfrac{8 \times a \times a \times b \times 3 \times a}{2 \times a \times a \times a \times b \times b}$

$\qquad\qquad\qquad\qquad = \dfrac{12}{b}$

⑤ $\dfrac{4x+y}{5} - \dfrac{x-y}{2} = \dfrac{2(4x+y)-5(x-y)}{10}$

$\qquad\qquad\qquad\qquad = \dfrac{8x+2y-5x+5y}{10}$

$\qquad\qquad\qquad\qquad = \dfrac{3x+7y}{10}$

補習問題

① $3xy^2 \div (-2x^2y) \times 4y = -\dfrac{3 \times x \times y \times y \times 4 \times y}{2 \times x \times x \times y}$

$\qquad\qquad\qquad\qquad = -\dfrac{6y^2}{x}$

② $6a^2b \times ab \div 2b^2 = \dfrac{6 \times a \times a \times b \times a \times b}{2 \times b \times b} = 3a^3$

補習問題

① $\dfrac{5x-y}{3} - \dfrac{x-y}{2} = \dfrac{2(5x-y)-3(x-y)}{6}$

$\qquad\qquad\qquad\qquad = \dfrac{10x-2y-3x+3y}{6}$

$\qquad\qquad\qquad\qquad = \dfrac{7x+y}{6}$

② $\dfrac{3a-b}{4} - \dfrac{a-2b}{6} = \dfrac{3(3a-b)-2(a-2b)}{12}$

$\qquad\qquad\qquad\qquad = \dfrac{9a-3b-2a+4b}{12}$

$\qquad\qquad\qquad\qquad = \dfrac{7a+b}{12}$

04 分数やかっこがある文字式の計算 本冊 p.15～16

解答

① $\dfrac{a}{6}$　② $12x-15$　③ $5b$　④ $\dfrac{2a+7}{4}$

⑤ $\dfrac{3x+7y}{10}$

- 補習問題 -

① $\dfrac{7x+y}{6}$　② $\dfrac{7a+b}{12}$

解説

① $\dfrac{a}{2} - \dfrac{a}{3} = \dfrac{3a}{6} - \dfrac{2a}{6} = \dfrac{3a-2a}{6} = \dfrac{a}{6}$

② $3(4x-5) = 3 \times 4x + 3 \times (-5) = 12x - 15$

③ $2(3a+b) - 3(2a-b) = 2 \times 3a + 2 \times b - 3 \times 2a - 3 \times (-b)$

$\qquad\qquad\qquad\qquad\quad = 6a + 2b - 6a + 3b$

$\qquad\qquad\qquad\qquad\quad = 6a - 6a + 2b + 3b$

$\qquad\qquad\qquad\qquad\quad = 5b$

④ $\dfrac{1}{4} + \dfrac{a+3}{2} = \dfrac{1+2(a+3)}{4}$

$\qquad\qquad\qquad = \dfrac{1+2a+6}{4}$

$\qquad\qquad\qquad = \dfrac{2a+7}{4}$

05 乗法公式を利用する式の展開① 本冊 p.17～18

解答

① x^2-6x-7　② $x^2+10x+25$　③ x^2-6x+9

④ x^2-64　⑤ $-5x+16$　⑥ $5x+23$

- 補習問題 -

① $-x+1$　② $-11x+8$

解説

① $(x+1)(x-7) = x^2 + (1-7)x + 1 \times (-7)$

$\qquad\qquad\qquad = x^2 - 6x - 7$

② $(x+5)^2 = x^2 + 2 \times 5 \times x + 5^2$

$\qquad\qquad = x^2 + 10x + 25$

③ $(x-3)^2 = x^2 - 2 \times 3 \times x + 3^2 = x^2 - 6x + 9$

④ $(x+8)(x-8) = x^2 - 8^2 = x^2 - 64$

⑤ $(x-4)^2 - x(x-3) = x^2 - 8x + 16 - x^2 + 3x$

$\qquad\qquad\qquad\qquad = x^2 - x^2 - 8x + 3x + 16$

$\qquad\qquad\qquad\qquad = -5x + 16$

⑥ $(x+1)(x-1) - (x+3)(x-8) = x^2 - 1 - (x^2 - 5x - 24)$

$\qquad\qquad\qquad\qquad\qquad\qquad = x^2 - 1 - x^2 + 5x + 24$

$\qquad\qquad\qquad\qquad\qquad\qquad = x^2 - x^2 + 5x - 1 + 24$

$\qquad\qquad\qquad\qquad\qquad\qquad = 5x + 23$

【補習問題】

$\boxed{1}$ $(x-2)(x-5)-(x-3)^2=x^2-7x+10-(x^2-6x+9)$
$=x^2-7x+10-x^2+6x-9$
$=x^2-x^2-7x+6x+10-9$
$=-x+1$

$\boxed{2}$ $(x-4)(x-3)-(x+2)^2=x^2-7x+12-(x^2+4x+4)$
$=x^2-7x+12-x^2-4x-4$
$=x^2-x^2-7x-4x+12-4$
$=-11x+8$

06 乗法公式を利用する式の展開② 本冊
p.19〜20

【解答】

❶ $4x^2+8x-45$ ❷ $9x^2+6x+1$ ❸ $4x^2-12x+9$
❹ $16x^2-49$ ❺ $4x^2-6x+13$ ❻ 4

- 補習問題 -
$\boxed{1}$ $6x-17$ $\boxed{2}$ -4

【解説】

❶ $(2x-5)(2x+9)=(2x)^2+(-5+9)\times2x+(-5)\times9$
$=4x^2+8x-45$

❷ $(3x+1)^2=(3x)^2+2\times1\times3x+1^2$
$=9x^2+6x+1$

❸ $(2x-3)^2=(2x)^2-2\times3\times2x+3^2$
$=4x^2-12x+9$

❹ $(4x+7)(4x-7)=(4x)^2-7^2=16x^2-49$

❺ $(2x-1)^2-2(x-6)=4x^2-4x+1-2x+12$
$=4x^2-4x-2x+1+12$
$=4x^2-6x+13$

❻ $(2x+1)^2-(2x-1)(2x+3)=4x^2+4x+1-(4x^2+4x-3)$
$=4x^2+4x+1-4x^2-4x+3$
$=4x^2-4x^2+4x-4x+1+3$
$=4$

【補習問題】

$\boxed{1}$ $(3x+4)(3x-4)-(3x-1)^2=9x^2-16-(9x^2-6x+1)$
$=9x^2-16-9x^2+6x-1$
$=9x^2-9x^2+6x-16-1$
$=6x-17$

$\boxed{2}$ $(2x-3)(2x-7)-(2x-5)^2$
$=4x^2-20x+21-(4x^2-20x+25)$
$=4x^2-20x+21-4x^2+20x-25$
$=4x^2-4x^2-20x+20x+21-25$
$=-4$

07 展開してから因数分解する問題 本冊
p.21〜22

【解答】

❶ $(x+3)(x+4)$ ❷ $(x+4)^2$ ❸ $(x-5)^2$
❹ $(x+3)(x-3)$ ❺ $(x+2)(x-4)$

- 補習問題 -
$\boxed{1}$ $(x-3)(x-4)$ $\boxed{2}$ $(x-2)^2$

【解説】

❶ $x^2+7x+12=x^2+(3+4)x+3\times4$
$=(x+3)(x+4)$

❷ $x^2+8x+16=x^2+2\times4\times x+4^2=(x+4)^2$

❸ $x^2-10x+25=x^2-2\times5\times x+5^2=(x-5)^2$

❹ $x^2-9=x^2-3^2=(x+3)(x-3)$

❺ $(x+1)(x-8)+5x=x^2-7x-8+5x$
$=x^2-2x-8$
$=(x+2)(x-4)$

【補習問題】

$\boxed{1}$ $(x-2)(x-6)+x=x^2-8x+12+x$
$=x^2-7x+12$
$=(x-3)(x-4)$

$\boxed{2}$ $(x+2)^2-8x=x^2+4x+4-8x$
$=x^2-4x+4$
$=(x-2)^2$

08 文字におきかえて因数分解する問題 本冊
p.23〜24

【解答】

❶ $(x+8)(x-3)$ ❷ $(x+y+4)(x+y+3)$
❸ $2(x-6)^2$ ❹ $3(x+3)(x-3)$
❺ $2(a+b+2)(a+b-2)$

- 補習問題 -
$\boxed{1}$ $(x+9)(x-2)$ $\boxed{2}$ $4(2x-y+4)(2x-y-4)$

【解説】

❶ $x^2+5x-24=x^2+\{8+(-3)\}x+8\times(-3)$
$=(x+8)(x-3)$

❷ $x+y=M$ とおく
$(x+y)^2+7(x+y)+12=M^2+7M+12$
$=(M+4)(M+3)$
$=(x+y+4)(x+y+3)$

③ $2x^2-24x+72=2(x^2-12x+36)=2(x-6)^2$

④ $3x^2-27=3(x^2-9)=3(x+3)(x-3)$

⑤ 共通因数の 2 でくくって，

$2(a+b)^2-8=2\{(a+b)^2-4\}$

$a+b=M$ とおくと，

$2(M^2-4)=2(M+2)(M-2)$

$\qquad\qquad =2(a+b+2)(a+b-2)$

補習問題

① $x+6=M$ とおく

$(x+6)^2-5(x+6)-24=M^2-5M-24$

$\qquad\qquad\qquad\qquad =(M+3)(M-8)$

$\qquad\qquad\qquad\qquad =(x+6+3)(x+6-8)$

$\qquad\qquad\qquad\qquad =(x+9)(x-2)$

② 共通因数の 4 でくくって，

$4(2x-y)^2-64=4\{(2x-y)^2-16\}$

$2x-y=M$ とおくと，

$4(M^2-16)=4(M+4)(M-4)$

$\qquad\qquad =4(2x-y+4)(2x-y-4)$

09 素因数分解を利用して考える問題 本冊
p.25 ～ 26

解答

① 2, 3, 5, 7, 11, 13, 17, 19

② $36=2^2\times3^2$ ③ $n=5$ ④ $n=3$

⑤ $n=6$ ⑥ $n=21$

- 補習問題 -

① $n=21$

解説

① **素数とは，1 以外の自然数で，1 とその数以外に約数をもたない自然数である。** 20 までの素数は，2, 3, 5, 7, 11, 13, 17, 19

② $36=2\times2\times3\times3=2^2\times3^2$

③ **指数がすべて偶数であれば，ある自然数を 2 乗した数になる。** $180=2^2\times3^2\times5$ だから，5 をかけると，$2^2\times3^2\times5^2=(2\times3\times5)^2=30^2$ となり，30 の 2 乗になる。よって，$n=5$

④ $108=2\times2\times3\times3\times3=2^2\times3^3$ だから，3 をかけると，$2^2\times3^4=(2\times3^2)^2=18^2$ となり，18 の 2 乗になる。よって，$n=3$

⑤ $150=2\times3\times5\times5=2\times3\times5^2$ だから，2×3 でわると，5^2 となり，5 の 2 乗になる。よって，$n=2\times3=6$

⑥ $336=2\times2\times2\times2\times3\times7=2^4\times3\times7$ だから，

3×7 でわると，$2^4=(2\times2)^2=4^2$ となり，4 の 2 乗になる。よって，$n=3\times7=21$

補習問題

① $84=2\times2\times3\times7=2^2\times3\times7$ だから，3×7 をかけると，$2^2\times3^2\times7^2=(2\times3\times7)^2=42^2$ となり，42 の 2 乗になる。よって，$n=3\times7=21$

10 速さに関する式の計算の問題 本冊
p.27 ～ 28

解答

① 180m ② $75x$m ③ $\dfrac{x}{130}$分

④ $1200-x$(m) ⑤ $b=800-60a$

- 補習問題 -

① $\dfrac{x}{60}+\dfrac{1500-x}{120}$(分) $\left(\dfrac{x+1500}{120}分\right)$

解説

① 分速 60m で 3 分間歩いたから，道のりは，$60\times3=180$(m)

② 分速 75m で x 分間歩いたから，道のりは，$75\times x=75x$(m)

③ xm の道のりを分速 130m で走ったから，

かかった時間は，$x\div130=\dfrac{x}{130}$(分)

④ （残りの道のり）＝（全体の道のり）－（進んだ道のり）だから，$1200-x$(m)

⑤ 毎分 60m で a 分間歩いたから，歩いた道のりは，$60a$m

（残りの道のり）＝（全体の道のり）－（進んだ道のり）だから，$b=800-60a$

補習問題

① xm は分速 60m で歩いたから，

歩いた時間は，$x\div60=\dfrac{x}{60}$(分)

走った道のりは，$1500-x$(m)だから，

走った時間は，$\dfrac{1500-x}{120}$(分)

よって，家から駅に到着するまでにかかった時間は，

$\dfrac{x}{60}+\dfrac{1500-x}{120}$(分)

11 数量の関係を不等号を使って表す問題 本冊 p.29 ～ 30

解答

① $80a$ 円　　② $350a+b$(円)
③ $3x+y=50$　④ $6x+5y \geqq 30$
⑤ $5a+b<500$

- 補習問題 -
① $5a+3b \leqq 1000$

解説

① 80 円のノートを a 冊買ったから，
代金は，$80 \times a = 80a$(円)
② ケーキの代金は，$350 \times a = 350a$(円)
箱の代金は，b 円
よって，代金の合計は，$350a+b$(円)
③ 配った折り紙の枚数は，$3 \times x = 3x$(枚)
あまった折り紙の枚数は，y 枚
よって，枚数の合計は，$3x+y$(枚)
この枚数の合計が 50 枚だから，
等号を使って，$3x+y=50$
④ 品物 A 6 個分の重さは，$6 \times x = 6x$(kg)
品物 B 5 個分の重さは，$5 \times y = 5y$(kg)
よって，重さの合計は，$6x+5y$(kg)
この重さの合計が 30kg 以上だから，
不等号を使って，$6x+5y \geqq 30$
⑤ 「おつりがあった」ということから，出した金額より
代金の合計のほうが小さいことがわかる。
鉛筆 5 本の代金は，$5 \times a = 5a$(円)
消しゴム 1 個の代金は，$b \times 1 = b$(円)
よって，代金の合計は，$5a+b$(円)
この代金の合計が 500 円より小さいから，
不等号を使って，$5a+b<500$

補習問題

① 「買うことができる」ということから，代金の合計は，
持っているお金以下であることがわかる。
クリームパン 5 個の代金は，$a \times 5 = 5a$(円)
ジャムパン 3 個の代金は，$b \times 3 = 3b$(円)
よって，代金の合計は，$5a+3b$(円)
この代金の合計が 1000 円以下だから，
不等号を使って，$5a+3b \leqq 1000$

12 平方根の性質の問題 本冊 p.31 ～ 32

解答

① ウ　　　　② $2<\sqrt{5}$　　③ $3>\sqrt{7}$
④ $n=5$, 6, 7, 8　　　　　⑤ 8 個

- 補習問題 -
① 10 個

解説

① **2 乗すると 7 になる数が 7 の平方根**だから，7 の平
方根は，$+\sqrt{7}$ と $-\sqrt{7}$ の 2 つある。
② $a<b$ ならば，$\sqrt{a}<\sqrt{b}$ である。
$2=\sqrt{4}$ だから，$\sqrt{4}<\sqrt{5}$ より，$2<\sqrt{5}$
③ $a<b$ ならば，$\sqrt{a}<\sqrt{b}$ である。
$3=\sqrt{9}$ だから，$\sqrt{9}>\sqrt{7}$ より，$3>\sqrt{7}$
④ $2=\sqrt{4}$，$3=\sqrt{9}$ より，$\sqrt{4}<\sqrt{n}<\sqrt{9}$ だから，
$4<n<9$ となる n を考える。よって，$n=5$, 6, 7, 8
⑤ $4=\sqrt{16}$，$5=\sqrt{25}$ より，$\sqrt{16}<\sqrt{n}<\sqrt{25}$ だから，
$16<n<25$ となる n を考える。
よって，$n=17$, 18, 19, 20, 21, 22, 23, 24 だか
ら，8 個。

補習問題

① $5=\sqrt{25}$，$6=\sqrt{36}$，より，$\sqrt{25}<\sqrt{n}<\sqrt{36}$ だから，
$25<n<36$ となる n を考える。
よって，$n=26$, 27, 28, 29, 30, 31, 32, 33, 34,
35 だから，10 個。

13 根号を含む式の計算 本冊 p.33 ～ 34

解答

① $5\sqrt{3}$　　② $\sqrt{6}$　　③ $2\sqrt{6}$　　④ $6\sqrt{5}$
⑤ $2\sqrt{6}$　　⑥ $2\sqrt{3}$

- 補習問題 -
① $\sqrt{6}$　　② $9\sqrt{7}$

解説

① $2\sqrt{3}+3\sqrt{3}=(2+3)\sqrt{3}=5\sqrt{3}$
② $\sqrt{2} \times \sqrt{3}=\sqrt{2 \times 3}=\sqrt{6}$
③ $\sqrt{24}=\sqrt{2^2 \times 2 \times 3}=\sqrt{2^2 \times 6}=2\sqrt{6}$
④ $4\sqrt{5}+\sqrt{20}=4\sqrt{5}+2\sqrt{5}=(4+2)\sqrt{5}=6\sqrt{5}$
⑤ 分母と分子に $\sqrt{6}$ をかける。

$$\frac{12}{\sqrt{6}}=\frac{12\times\sqrt{6}}{\sqrt{6}\times\sqrt{6}}=\frac{12\sqrt{6}}{6}=2\sqrt{6}$$

❻ $\sqrt{75}-\dfrac{9}{\sqrt{3}}=5\sqrt{3}-\dfrac{9\times\sqrt{3}}{\sqrt{3}\times\sqrt{3}}$

$\qquad\qquad =5\sqrt{3}-3\sqrt{3}=2\sqrt{3}$

補習問題

① $\sqrt{54}-2\sqrt{6}=3\sqrt{6}-2\sqrt{6}=(3-2)\sqrt{6}=\sqrt{6}$

② $\dfrac{42}{\sqrt{7}}+\sqrt{63}=\dfrac{42\times\sqrt{7}}{\sqrt{7}\times\sqrt{7}}+3\sqrt{7}$

$\qquad\qquad =6\sqrt{7}+3\sqrt{7}=9\sqrt{7}$

14 根号を含む式を展開する問題 本冊
p.35～36

解答
❶ $16\sqrt{2}$　　❷ $5-5\sqrt{2}$　　❸ $1-\sqrt{7}$
❹ $11-4\sqrt{2}$　　❺ 4

- 補習問題 -
① $\sqrt{5}+3$　　② 21

解説
❶ $\sqrt{32}+\sqrt{12}\times\sqrt{24}=4\sqrt{2}+2\sqrt{3}\times2\sqrt{6}$
$\qquad\qquad\qquad\quad =4\sqrt{2}+4\sqrt{18}$
$\qquad\qquad\qquad\quad =4\sqrt{2}+12\sqrt{2}=16\sqrt{2}$

❷ $\sqrt{5}(\sqrt{5}-\sqrt{10})=\sqrt{5}\times\sqrt{5}-\sqrt{5}\times\sqrt{10}$
$\qquad\qquad\qquad\quad =5-\sqrt{50}=5-5\sqrt{2}$

❸ $(\sqrt{7}+2)(\sqrt{7}-3)$
$=(\sqrt{7})^2+(2-3)\sqrt{7}+2\times(-3)$
$=7-\sqrt{7}-6=1-\sqrt{7}$

❹ $(\sqrt{2}-3)^2+\sqrt{8}$
$=(\sqrt{2})^2-2\times3\times\sqrt{2}+3^2+2\sqrt{2}$
$=2-6\sqrt{2}+9+2\sqrt{2}=11-4\sqrt{2}$

❺ $(\sqrt{3}+1)^2-\dfrac{6}{\sqrt{3}}$

$=(\sqrt{3})^2+2\times1\times\sqrt{3}+1^2-2\sqrt{3}$
$=3+2\sqrt{3}+1-2\sqrt{3}=4$

補習問題

① $\sqrt{3}(\sqrt{15}+\sqrt{3})-\dfrac{10}{\sqrt{5}}$

$=\sqrt{3}\times\sqrt{15}+\sqrt{3}\times\sqrt{3}-\dfrac{10\times\sqrt{5}}{\sqrt{5}\times\sqrt{5}}$

$=\sqrt{45}+3-2\sqrt{5}$
$=3\sqrt{5}+3-2\sqrt{5}=\sqrt{5}+3$

② $(2\sqrt{5}+1)(2\sqrt{5}-1)+\dfrac{\sqrt{12}}{\sqrt{3}}$

$=(2\sqrt{5})^2-1^2+\sqrt{4}$
$=20-1+2=21$

2 章　方程式

15 いろいろな 1 次方程式の問題 本冊
p.37～38

解答
❶ $x=-4$　　❷ $x=5$　　❸ $x=18$　　❹ $x=-2$
❺ $x=-6$　　❻ $x=4$

- 補習問題 -
① $x=-7$　　② $x=15$　　③ $x=3$

解説
❶ $4x+3=x-9$
$\quad 4x-x=-9-3$
$\qquad\quad 3x=-12$
$\qquad\quad\ x=-4$

❷ $\quad 5x-7=9(x-3)$
$\quad 5x-7=9x-27$
$\ 5x-9x=-27+7$
$\qquad -4x=-20$
$\qquad\quad\ x=5$

❸ $x:12=3:2$
　 $\underline{a:b=c:d\,ならば,\ ad=bc}$ だから,
$x\times2=12\times3$
$\quad 2x=36$
$\qquad x=18$

❹ $-0.5x-0.4=0.6$ の両辺を 10 倍して,
$-5x-4=6$
$\quad -5x=6+4$
$\quad -5x=10$
$\qquad\ x=-2$

❺ $\dfrac{3}{2}x-3=2x$ の両辺を 2 倍して,

$\quad 3x-6=4x$
$3x-4x=6$
$\quad\ -x=6$
$\qquad\ x=-6$

❻ $\dfrac{2x+4}{3}=4$ の両辺を 3 倍して,

$2x+4=12$

$\quad 2x=12-4$

$\quad 2x=8$

$\quad\quad x=4$

補習問題

1　$3(2x-5)=8x-1$

$\quad 6x-15=8x-1$

$\quad 6x-8x=-1+15$

$\quad\quad -2x=14$

$\quad\quad\quad x=-7$

2　$3:8=x:40$

$a:b=c:d$ ならば，$ad=bc$ だから，

$3\times40=8\times x$

$\quad 120=8x$

$\quad\quad x=15$

3　$0.16x-0.08=0.4$ の両辺を 100 倍して，

$16x-8=40$

$\quad 16x=40+8$

$\quad 16x=48$

$\quad\quad x=3$

16 連立方程式の問題

本冊
p.39 ～ 40

解答

❶ $x=-1$，$y=1$　　❷ $x=-1$，$y=2$

❸ $x=1$，$y=-2$　　❹ $x=3$，$y=-5$

❺ $x=-11$，$y=4$

- 補習問題 -

1 $x=2$，$y=-3$　　2 $x=7$，$y=2$

解説

❶ $\begin{cases} x+3y=2\cdots① \\ y=3x+4\cdots② \end{cases}$

②を①に代入して y を消去すると，

$x+3(3x+4)=2$, $x+9x+12=2$, $10x=-10$, $x=-1$

$x=-1$ を②に代入して，

$y=3\times(-1)+4$

$\quad =1$

❷ $\begin{cases} 2x+3y=4\ \cdots① \\ x-2y=-5\cdots② \end{cases}$

①−②×2 で x を消去すると，$7y=14$，$y=2$

$y=2$ を②に代入して，

$x-2\times2=-5$

$\quad\quad x=-1$

❸ $\begin{cases} 4x-3y=10\ \cdots① \\ 3x+2y=-1\cdots② \end{cases}$

①×2＋②×3 で y を消去すると，$17x=17$，$x=1$

$x=1$ を①に代入して，

$4\times1-3y=10$

$\quad -3y=6$

$\quad\quad y=-2$

❹ $\begin{cases} 0.6x+0.2y=0.8\cdots① \\ 0.1x-0.2y=1.3\cdots② \end{cases}$

①，②それぞれ両辺を 10 倍して，$\begin{cases} 6x+2y=8\cdots①' \\ x-2y=13\cdots②' \end{cases}$

①′＋②′ で y を消去すると，$7x=21$，$x=3$

$x=3$ を②′ に代入して，

$3-2y=13$

$\quad -2y=10$

$\quad\quad y=-5$

❺ $\begin{cases} 0.2x+0.8y=1\cdots① \\ \dfrac{1}{2}x+\dfrac{7}{8}y=-2\cdots② \end{cases}$

① ×10，② ×8 して，$\begin{cases} 2x+8y=10\ \cdots①' \\ 4x+7y=-16\cdots②' \end{cases}$

①′×2−②′ で x を消去すると，$9y=36$，$y=4$

$y=4$ を①′ に代入して，

$2x+8\times4=10$

$\quad\quad 2x=-22$

$\quad\quad\quad x=-11$

補習問題

1 $\begin{cases} 5x+2y=4\cdots① \\ 3x-y=9\ \cdots② \end{cases}$

① + ② ×2 で y を消去すると，$11x=22$，$x=2$

$x=2$ を②に代入して，

$3\times2-y=9$

$\quad -y=3$

$\quad\quad y=-3$

2 $\begin{cases} x+y=9\ \cdots① \\ 0.5x-\dfrac{1}{4}y=3\cdots② \end{cases}$

②の両辺を 4 倍して，$2x-y=12\cdots②'$

①＋②′ で y を消去すると，$3x=21$，$x=7$

$x=7$ を①に代入して，

$7+y=9$

$\quad\quad y=2$

17 連立方程式をつくって解く問題 _{本冊}
p.41 〜 42

解答

① $\begin{cases} 2x+y=4 \\ 3x-y=4 \end{cases}$ ② $x=3,\ y=2$ ③ $a=7$

④ $a=2,\ b=1$

- 補習問題 -

① $x=\dfrac{2}{3},\ y=\dfrac{4}{3}$ ② $a=3,\ b=4$

解説

① $2x+y$ と $3x-y$ のどちらも 4 に等しいことから，

$\begin{cases} 2x+y=4 \\ 3x-y=4 \end{cases}$ と表すことができる。

$\begin{cases} 2x+y=3x-y \\ 3x-y=4 \end{cases}$ や $\begin{cases} 2x+y=3x-y \\ 2x+y=4 \end{cases}$ と表してもよい。

② $3x-2y$ と $-x+4y$ のどちらも 5 に等しいことから，

$\begin{cases} 3x-2y=5 \ \cdots① \\ -x+4y=5 \cdots② \end{cases}$ と表すことができる。

①$\times2+$② で y を消去すると，$5x=15,\ x=3$

$x=3$ を②に代入して，

$-3+4y=5$

$\quad\quad y=2$

③ $2x-a=-2x+5$ に $x=3$ を代入すると，

$2\times3-a=-2\times3+5$

$\quad 6-a=-6+5$

$\quad -a=-7$

$\quad\quad a=7$

④ $x=-6,\ y=1$ を式に代入して項の並びを変えると，

$\begin{cases} -6a+b=-11\cdots① \\ -a-6b=-8 \ \cdots② \end{cases}$

①$-$②$\times6$ で a を消去すると，$37b=37,\ b=1$

$b=1$ を②に代入して，

$-a-6\times1=-8$

$\quad\quad\quad a=2$

補習問題

① $x-16y+10$ と $5x-14$ のどちらも $-8y$ に等しいことから，$\begin{cases} x-16y+10=-8y\cdots① \\ 5x-14=-8y \ \ \ \ \ \cdots② \end{cases}$ と表すことができる。

整理すると $\begin{cases} x-8y=-10\cdots①' \\ 5x+8y=14 \ \cdots②' \end{cases}$ となるから，

①$'+$②$'$ で y を消去すると，$6x=4,\ x=\dfrac{2}{3}$

$x=\dfrac{2}{3}$ を①$'$ に代入して，

$\dfrac{2}{3}-8y=-10$

$\quad\quad y=\dfrac{4}{3}$

② $x=2,\ y=1$ を式に代入して項の並びを変えると，

$\begin{cases} 2a+b=10\cdots① \\ -a+2b=5\cdots② \end{cases}$

①$+$②$\times2$ で a を消去すると，$5b=20,\ b=4$

$b=4$ を②に代入して，

$-a+2\times4=5$

$\quad\quad a=3$

18 因数分解を利用する 2 次方程式 _{本冊}
p.43 〜 44

解答

① $x=4,\ 2$ ② $x=3,\ 4$ ③ $x=-1,\ 6$

④ $x=9,\ 0$

- 補習問題 -

① $x=-8,\ 2$ ② $x=-\dfrac{1}{2},\ 3$

解説

① $(x-4)(x-2)=0$ だから，$x-4=0$ または，$x-2=0$

よって，$x=4,\ 2$

② $x^2-7x+12=0$

$(x-3)(x-4)=0$

$x-3=0$ または，$x-4=0$

よって，$x=3,\ 4$

③ $(x-3)(x+2)=4x$

$x^2-x-6=4x$

$x^2-5x-6=0$

$(x+1)(x-6)=0$

$x=-1,\ 6$

④ $x-1=M$ とおくと，

$M^2-7M-8=0$

$(M-8)(M+1)=0$

$(x-1-8)(x-1+1)=0$

$(x-9)x=0$

$x=9,\ 0$

補習問題

① $x^2+6x-16=0$

$(x+8)(x-2)=0$

$x+8=0$ または，$x-2=0$

よって，$x=-8,\ 2$

$\boxed{2}$ $(2x+1)^2-7(2x+1)=0$

$2x+1=M$ とおくと,

$M^2-7M=0$

$M(M-7)=0$

$(2x+1)(2x+1-7)=0$

$(2x+1)(2x-6)=0$

$2x+1=0$ または, $2x-6=0$ だから,

$x=-\dfrac{1}{2}$, 3

---

19 平方根や解の公式を利用する2次方程式 本冊
p.45〜46

解答

❶ $x=\pm\sqrt{3}$　　❷ $x=10$, -2　❸ $x=2\pm\sqrt{5}$

❹ $x=\dfrac{-b\pm\sqrt{b^2-4ac}}{2a}$　　❺ $x=\dfrac{-5\pm\sqrt{41}}{4}$

- 補習問題 -

$\boxed{1}$ $x=5\pm2\sqrt{3}$　$\boxed{2}$ $x=\dfrac{1}{5}$, -1

解説

❶ $x^2-3=0$

　　$x^2=3$

　　$x=\pm\sqrt{3}$

❷ $(x-4)^2=36$

　　$x-4=\pm6$

　　　$x=6+4$, $-6+4$

　　　$x=10$, -2

❸ $(x-2)^2-5=0$

　　$(x-2)^2=5$

　　$x-2=\pm\sqrt{5}$

　　　$x=2\pm\sqrt{5}$

❹ 2次方程式 $ax^2+bx+c=0$ の解は,

$x=\dfrac{-b\pm\sqrt{b^2-4ac}}{2a}$

❺ 解の公式 $x=\dfrac{-b\pm\sqrt{b^2-4ac}}{2a}$ に,

$a=2$, $b=5$, $c=-2$ を代入する。

$x=\dfrac{-5\pm\sqrt{5^2-4\times2\times(-2)}}{2\times2}$

　　$=\dfrac{-5\pm\sqrt{41}}{4}$

補習問題

$\boxed{1}$ $(x-5)^2-12=0$

$(x-5)^2=12$

　$x-5=\pm\sqrt{12}$

　　$x=5\pm2\sqrt{3}$

$\boxed{2}$ 解の公式 $x=\dfrac{-b\pm\sqrt{b^2-4ac}}{2a}$ に, $a=5$, $b=4$,

$c=-1$ を代入する。

$x=\dfrac{-4\pm\sqrt{4^2-4\times5\times(-1)}}{2\times5}$

　$=\dfrac{-4\pm\sqrt{36}}{10}$

　$=\dfrac{-4\pm6}{10}$

$x=\dfrac{-4+6}{10}$, $\dfrac{-4-6}{10}$ だから,

$x=\dfrac{1}{5}$, -1

---

20 連立方程式を使って解く文章題 本冊
p.47〜48

解答

❶ $x+50=y$　　❷ $0.5x$ 円　　❸ $15x$ 円

❹ $20y$ 円　　❺ $15x+20y=15000$

❻ 唐揚げ弁当…400円, エビフライ弁当…450円

- 補習問題 -

$\boxed{1}$ A中学校…475人, B中学校…750人

解説

❶ エビフライ弁当1個の定価は, 唐揚げ弁当1個の定価より50円高いから, $x+50=y$

❷ 定価の5割引だから, $x\times(1-0.5)=0.5x$(円)

❸ 20個のうち, 10個は定価で売ったので, 定価の5割引で売った個数は, $20-10=10$(個)

よって, 唐揚げ弁当の売り上げの合計は,

$x\times10+0.5x\times10=10x+5x=15x$(円)

❹ エビフライ弁当は20個売れたので, エビフライ弁当の売り上げの合計は, $y\times20=20y$(円)

❺ 唐揚げ弁当の売り上げの合計は $15x$ 円

エビフライ弁当の売り上げの合計は $20y$ 円

2種類の弁当の売り上げの合計は15000円だから,

$15x+20y=15000$

❻ 2種類の弁当の定価について表した式と, 2種類の弁当の売り上げの合計について表した式を連立方程式として解く。

$\begin{cases} x+50=y & \cdots① \\ 15x+20y=15000 & \cdots② \end{cases}$

①を②に代入して y を消去すると,

$15x+20(x+50)=15000$, $15x+20x+1000=15000$,

$35x=14000,\ x=400$

$x=400$ を①に代入して，$y=400+50=450$

よって，唐揚げ弁当 1 個の定価は 400 円，エビフライ弁当 1 個の定価は 450 円である。

補習問題

① 昨年度の生徒数について，x と y の関係を式で表すと，$x+y=1225$…①

今年度の生徒数の増減について，x と y の関係を式で表すと，

$\dfrac{4}{100}x-\dfrac{2}{100}y=4$…②

①，②の式を連立方程式として解く。

①×2+②×100 で y を消去すると，$6x=2850,\ x=475$

$x=475$ を①に代入して，

$475+y=1225$

$\qquad y=750$

よって，A 中学校の昨年度の生徒数は 475 人，B 中学校の昨年度の生徒数は 750 人である。

---

21 2 次方程式を使って解く文章題 〔本冊〕
p.49〜50

解答

❶ $3a$cm　　❷ $\dfrac{3}{2}a^2$cm² 　❸ $b+2$(cm)

❹ b^2+2b(cm²)　❺ $\dfrac{3}{2}x^2=x^2+2x$　❻ 6cm

- 補習問題 -
① 8，9

解説

❶ 底辺の長さが $a$cm で，高さが底辺の長さの 3 倍だから，高さは，$a×3=3a$(cm)

❷ 底辺の長さが $a$cm，高さが $3a$cm だから，面積は，

$\dfrac{1}{2}×a×3a=\dfrac{3}{2}a^2$(cm²)

❸ 縦の長さが $b$cm で，横の長さが縦の長さよりも 2cm 長いから，横の長さは，$b+2$(cm)

❹ 縦の長さが $b$cm，横の長さが $b+2$(cm)だから，面積は，$b(b+2)=b^2+2b$(cm²)

❺ 三角形の底辺の長さが $x$cm のときの三角形の面積は，

$\dfrac{3}{2}x^2$cm²，縦の長さが $x$cm のときの長方形の面積は，

x^2+2x(cm²)だから，$\dfrac{3}{2}x^2=x^2+2x$

---

❻ 三角形の面積は $\dfrac{3}{2}x^2$cm²，

長方形の面積は，x^2+2x(cm²)

三角形の面積が長方形の面積より 6cm² 大きいから，

$\dfrac{3}{2}x^2=x^2+2x+6$

これを x についての 2 次方程式として解く。

両辺を 2 倍して，$3x^2=2x^2+4x+12$

$x^2-4x-12=0$

$(x+2)(x-6)=0$

$x=-2,\ 6$

$x>0$ より，三角形の底辺の長さは 6cm

補習問題

① 連続する 2 つの自然数のうち，小さいほうの自然数を n とすると，大きいほうの自然数は，$n+1$ と表せる。

この 2 つの自然数の積は，$n(n+1)$，

和は，$n+n+1=2n+1$ だから，数の関係を式に表すと，

$n(n+1)=2n+1+55$

これを n についての 2 次方程式として解く。

$n^2+n=2n+56$

$n^2-n-56=0$

$(n+7)(n-8)=0$

$n=-7,\ 8$

n は自然数だから，$n>0$ より，$n=8$

よって，連続する 2 つの自然数は，8，9

3 章　関数

22 比例や反比例の式をつくって対応する値を求める問題 〔本冊〕
p.51〜52

解答

❶ $a=-3$　❷ $y=3$　❸ $y=3$　❹ $a=-12$

❺ $y=-3$　❻ $y=-6$

- 補習問題 -
① $y=-9$　② $y=-2$

解説

❶ $y=ax$ に $x=-2$，$y=6$ を代入して，

$6=-2a$ より，$a=-3$

❷ $y=-9x$ に $x=-\dfrac{1}{3}$ を代入して，

$y=-9×\left(-\dfrac{1}{3}\right)=3$

❸ 比例の式 $y=ax$ に $x=-3$, $y=18$ を代入して,
$18=a\times(-3)$より, $18=-3a$, $a=-6$
$y=-6x$ に $x=-\dfrac{1}{2}$ を代入して,
$y=-6\times\left(-\dfrac{1}{2}\right)=3$

❹ $y=\dfrac{a}{x}$ に $x=-4$, $y=3$ を代入して,
$3=\dfrac{a}{-4}$より, $a=-12$

❺ $y=-\dfrac{15}{x}$ に $x=5$ を代入して,
$y=-\dfrac{15}{5}=-3$

❻ 反比例の式 $y=\dfrac{a}{x}$ に $x=-9$, $y=2$ を代入して,
$2=\dfrac{a}{-9}$より, $a=-18$
$y=-\dfrac{18}{x}$ に $x=3$ を代入して,
$y=-\dfrac{18}{3}=-6$

補習問題

1 比例の式 $y=ax$ に $x=2$, $y=-6$ を代入して,
$-6=a\times2$より, $-6=2a$, $a=-3$
$y=-3x$ に $x=3$ を代入して,
$y=-3\times3=-9$

2 反比例の式 $y=\dfrac{a}{x}$ に $x=5$, $y=4$ を代入して,
$4=\dfrac{a}{5}$より, $a=20$
$y=\dfrac{20}{x}$ に $x=-10$ を代入して,
$y=\dfrac{20}{-10}=-2$

$a=30\times40=1200$

❷ 反比例の式を $y=\dfrac{a}{x}$ とおく。比例定数は 800 だから,
$a=800$ を代入して, $y=\dfrac{800}{x}$

❸ $y=\dfrac{180}{x}$ に $x=60$ を代入して, $y=\dfrac{180}{60}=3$

❹ 縦の長さと横の長さは反比例の関係にある。
比例定数は 240 だから, x と y の関係を表す式は,
$y=\dfrac{240}{x}$
$y=15$ を代入して, $15=\dfrac{240}{x}$, $x=16$

❺ 3 分 $=180$ 秒だから,
反比例の式 $y=\dfrac{a}{x}$ に $x=500$, $y=180$ を代入して,
$180=\dfrac{a}{500}$より, $a=90000$
$y=\dfrac{90000}{x}$ に $x=600$ を代入して,
$y=\dfrac{90000}{600}=150$
よって, 当てはまる加熱時間は, 150 秒 $=2$ 分 30 秒

補習問題

1 反比例の式 $y=\dfrac{a}{x}$ に $x=500$, $y=8$ を代入して,
$8=\dfrac{a}{500}$より, $a=4000$
$y=\dfrac{4000}{x}$ に $x=600$ を代入して,
$y=\dfrac{4000}{600}=\dfrac{20}{3}=6\dfrac{2}{3}$
$\dfrac{2}{3}$分は, $60\times\dfrac{2}{3}=40$(秒)だから,
食品 A の調理にかかる時間は, 6 分 40 秒

23 反比例の関係を使って解く文章題 本冊
p.53 〜 54

解答

❶ 1200 　❷ $y=\dfrac{800}{x}$ 　❸ $y=3$ 　❹ $x=16$

❺ 2 分 30 秒

- 補習問題 -
1 6 分 40 秒

解説

❶ 反比例の式を $y=\dfrac{a}{x}$ とおくと, 比例定数 $a=xy$
$x=30$, $y=40$ を代入して,

24 2 点を通る直線の式を求める問題 本冊
p.55 〜 56

解答

❶ (6, 0) 　❷ (−3, 2) 　❸ $y=-2x+1$

❹ $y=3x-3$ 　❺ $y=2x+3$ 　❻ $y=-\dfrac{9}{5}x+3$

- 補習問題 -
1 $y=\dfrac{1}{2}x+9$ 　2 10

解説

❶ x 軸上の点は y 座標が 0 だから, 直線の式に $y=0$ を代入して, $0=-2x+12$, $x=6$

よって，点Aの座標は，（6，0）

❷ 2直線の式 $y=-3x-7$ と $y=x+5$ を連立方程式として解く。

$-3x-7=x+5$ より，$x=-3$

$y=-3+5=2$

よって，交点の座標は，（−3，2）

❸ 傾きが −2 だから，求める直線の式を $y=-2x+b$ とおく。点(−2，5)を通るから，直線の式に代入して，

$5=-2\times(-2)+b$ より，$b=1$

よって，求める直線の式は，$y=-2x+1$

❹ 平行な2直線は傾きが等しいから，求める直線の式を $y=3x+b$ とおく。

点(2，3)を通るから，直線の式に代入して，

$3=3\times2+b$ より，$b=-3$

よって，求める直線の式は，$y=3x-3$

❺ 求める直線の式を $y=ax+b$ とおく。

$x=-1$，$y=1$ を代入して，$1=-a+b$…①

$x=2$，$y=7$ を代入して，$7=2a+b$…②

①，②を連立方程式として解くと，

①−②より，$-6=-3a$，$a=2$

$a=2$ を①に代入して，$1=-2+b$，$b=3$

よって，求める直線の式は，$y=2x+3$

❻ 点Cは，直線⑦上の点だから，

$y=3x-5$ に $y=0$ を代入して，$0=3x-5$，$x=\dfrac{5}{3}$

直線は，2点B，Cを通り，切片は3だから，

求める直線の式を $y=ax+3$ とおく。

$x=\dfrac{5}{3}$，$y=0$ を代入して，$0=\dfrac{5}{3}a+3$ より，$a=-\dfrac{9}{5}$

よって，求める直線の式は，$y=-\dfrac{9}{5}x+3$

補習問題

1 求める直線の式を $y=ax+b$ とおく。

$x=6$，$y=12$ を代入して，$12=6a+b$…①

$x=-2$，$y=8$ を代入して，$8=-2a+b$…②

①，②を連立方程式として解くと，

①−②より，$4=8a$，$a=\dfrac{1}{2}$

$a=\dfrac{1}{2}$ を①に代入して，$12=6\times\dfrac{1}{2}+b$，$b=9$

よって，求める直線の式は，$y=\dfrac{1}{2}x+9$

2 求める直線の式を $y=ax+b$ とおく。

$x=-3$，$y=-8$ を代入して，$-8=-3a+b$…①

$x=1$，$y=4$ を代入して，$4=a+b$…②

①，②を連立方程式として解くと，

①−②より，$-12=-4a$，$a=3$

$a=3$ を②に代入して，$4=3+b$，$b=1$

点Aの x 座標は3だから，

点Aの y 座標は，$y=3x+1$ に $x=3$ を代入して，

$y=3\times3+1=10$

25 方程式のグラフをかく問題

本冊
p.57～58

解答

❶ $y=-\dfrac{3}{4}x-3$　❷ イ　❸ イ

❹
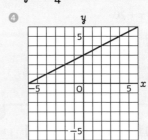

❺
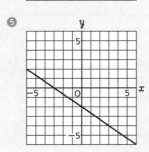

- 補習問題 -
1
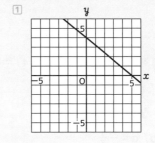

解説

❶ $3x+4y+12=0$

$\qquad 4y=-3x-12$

$\qquad\quad y=-\dfrac{3}{4}x-3$

❷ 直線の式 $y=ax+b$ では，a は傾き，b は切片を表すから，傾きが −2 で切片が 5 である直線は，イ。

❸ 関数 $y=2x-3$ のグラフは，傾きが2，切片が −3 だから，点(0，−3)と，点(0，−3)から右へ1，上へ2移動した点(1，−1)を通る。

❹ グラフは，点(0，3)と，点(0，3)から右へ 2，上へ 1 移動した点(2，4)を通る直線となる。

❺ $2x+3y=-6$

$3y=-2x-6$

$y=-\dfrac{2}{3}x-2$

グラフは，2 点(0，−2)，(3，−4)を通る直線となる。

補習問題

① $4x+5y-20=0$

$5y=-4x+20$

$y=-\dfrac{4}{5}x+4$

グラフは，2 点(0，4)，(5，0)を通る直線となる。

26 関数 $y=ax^2$ の変化の割合を使った問題 本冊
p.59 〜 60

解答

❶ $(-4，8)$ ❷ $a=-\dfrac{1}{3}$ ❸ 24 ❹ 14

❺ $a=3$ ❻ $a=-\dfrac{3}{5}$

- 補習問題 -

① -4 ② $a=\dfrac{4}{5}$

解説

❶ $y=\dfrac{1}{2}x^2$ に $x=-4$ を代入して，$y=\dfrac{1}{2}\times(-4)^2=8$

よって，点 A の座標は，$(-4，8)$

❷ $y=ax^2$ に，$x=3$，$y=-3$ を代入して，

$-3=a\times3^2$，$-3=9a$，$a=-\dfrac{1}{3}$

❸ $x=1$ のときの y の値は，$3\times1^2=3$

$x=3$ のときの y の値は，$3\times3^2=27$

よって，y の増加量は，$27-3=24$

❹ 変化の割合＝$\dfrac{y \text{ の増加量}}{x \text{ の増加量}}$ だから，

$\dfrac{2\times5^2-2\times2^2}{5-2}=\dfrac{50-8}{3}=\dfrac{42}{3}=14$

❺ $\dfrac{(a+4)^2-a^2}{a+4-a}=10$ より，$\dfrac{8a+16}{4}=10$

$2a+4=10$，$a=3$

❻ $\dfrac{a\times4^2-a\times1^2}{4-1}=-3$ より，$\dfrac{15a}{3}=-3$

$5a=-3$，$a=-\dfrac{3}{5}$

補習問題

① x の増加量は，$6-2=4$

y の増加量は，$-\dfrac{1}{2}\times6^2-\left(-\dfrac{1}{2}\times2^2\right)=-16$

よって，変化の割合は，$\dfrac{-16}{4}=-4$

② $\dfrac{a\times7^2-a\times3^2}{7-3}=8$ より，$\dfrac{40a}{4}=8$

$10a=8$，$a=\dfrac{4}{5}$

27 関数 $y=ax^2$ の変域を使った問題 本冊
p.61 〜 62

解答

❶ $1\leqq y\leqq16$ ❷ $0\leqq y\leqq8$ ❸ $-12\leqq y\leqq0$

❹ $a=-2$ ❺ $a=-4$

- 補習問題 -

① $a=-3$ ② $a=\dfrac{1}{9}$

解説

❶ $y=x^2$ のグラフは上に開いた放物線だから，

$x=1$ に対応する $y=1^2=1$ が最小値

$x=4$ に対応する $y=4^2=16$ が最大値

よって，y の変域は，$1\leqq y\leqq16$

❷ $a>0$ だから，最小値は，$x=0$ のときの 0 になる。

最大値は，絶対値が大きい $x=4$ のときだから，

$y=\dfrac{1}{2}\times4^2=8$

よって，y の変域は，$0\leqq y\leqq8$

❸ $a<0$ だから，最大値は，$x=0$ のときの 0 になる。

最小値は，絶対値が大きい $x=6$ のときだから，

$y=-\dfrac{1}{3}\times6^2=-12$

よって，y の変域は，$-12\leqq y\leqq0$

❹ $x=1$ のとき，$y=3\times1^2=3$ で，最大値ではないので，最大値は，$x=a$ のときで，$y=3\times a^2=3a^2$

よって，$3a^2=12$，$a^2=4$，$a=\pm2$

$a\leqq1$ より，$a=-2$

❺ 絶対値が大きいほうの x が最小値に対応するから，y の最小値 −36 に対応するのは $x=3$ のときである。

$-36=a\times3^2=9a$，$a=-4$

【補習問題】

⑴ $x=2$ のとき，$y=-2\times2^2=-8$ で，最小値ではないので，最小値は，$x=a$ のときで，$y=-2\times a^2=-2a^2$
よって，$-2a^2=-18$，$a^2=9$，$a=\pm3$
$a\leq2$ より，$a=-3$

⑵ 絶対値が大きいほうの x が最大値に対応するから，y の最大値 1 に対応するのは $x=-3$ のときである。

$1=a\times(-3)^2=9a$，$a=\dfrac{1}{9}$

---

28 座標平面上にある三角形の面積を求める問題 【本冊】
p.63～64

【解答】

❶ 9　　❷ 6　　❸ 12　　❹ 24

- 補習問題 -
⑴ 12

【解説】

❶ $y=x^2$ に $x=-3$ を代入して，$y=(-3)^2=9$
❷ 直線と y 軸との交点は，直線の切片である。
求める直線の式を $y=ax+b$ とおく。
$x=-6$，$y=3$ を代入して，$3=-6a+b$…①
$x=8$，$y=10$ を代入して，$10=8a+b$…②
①，②を連立方程式として解くと，
①－②より，$-7=-14a$，$a=\dfrac{1}{2}$

$a=\dfrac{1}{2}$ を①に代入して，$3=-6\times\dfrac{1}{2}+b$，$b=6$
よって，y 軸との交点の y 座標は 6
❸ 2点 A，B の距離は，$5-(-1)=6$
△ABC の辺 AB を底辺とすると，高さは C の x 座標の絶対値だから 4 となる。
よって，$\triangle ABC=\dfrac{1}{2}\times6\times4=12$
❹ $a=1$ だから，点 A の y 座標は，$y=(-4)^2=16$
点 B の y 座標は，$y=2^2=4$
直線 AB の式を $y=px+q$ とおく。
$x=-4$，$y=16$ を代入して，$16=-4p+q$…①
$x=2$，$y=4$ を代入して，$4=2p+q$…②
①，②を連立方程式として解くと，$p=-2$，$q=8$
直線 AB の式は $y=-2x+8$ だから，点 C の y 座標は 8
$\triangle OAB=\triangle OAC+\triangle OBC$ だから，△OAC，△OBC の底辺を OC とすると，

$\triangle OAB=\dfrac{1}{2}\times8\times4+\dfrac{1}{2}\times8\times2=16+8=24$

【補習問題】

⑴ 点 A の y 座標は，$y=\dfrac{1}{2}\times(-2)^2=2$

点 B の y 座標は，$y=\dfrac{1}{2}\times4^2=8$

直線 AB の式を $y=ax+b$ とおく。
$x=-2$，$y=2$ を代入して，$2=-2a+b$…①
$x=4$，$y=8$ を代入して，$8=4a+b$…②
①，②を連立方程式として解くと，$a=1$，$b=4$
直線 AB の式は $y=x+4$ だから，点 C の y 座標は 4
$\triangle OAB=\triangle OAC+\triangle OBC$ だから，△OAC，△OBC の底辺を OC とすると，

$\triangle OAB=\dfrac{1}{2}\times4\times2+\dfrac{1}{2}\times4\times4=4+8=12$

---

29 座標平面上の三角形から考える問題 【本冊】
p.65～66

【解答】

❶ 16　　❷ $y=t^2$　　❸ 2：1　　❹ $(2\sqrt{2}, 8)$

- 補習問題 -
⑴ $a=\dfrac{1}{8}$

【解説】

❶ $y=x^2$ に $x=-4$ を代入して，$y=(-4)^2=16$
❷ 点 P は $y=x^2$ 上の点だから，$x=t$ を代入して，$y=t^2$
❸ 2点 P，Q は図のような位置にある。
$\triangle OQA=\triangle OPA+\triangle OPQ$ で，△OPA の面積と△OPQ の面積は等しいから，$\triangle OQA:\triangle OPQ=2:1$ である。
❹ △OQA と△OPQ は底辺が OQ で共通な三角形だから，面積の比は高さの比になる。
△OQA の高さは，点 A の y 座標だから 16
△OPQ の高さは，点 P の y 座標だから t^2

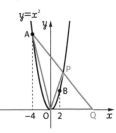

△OQA：△OPQ=2：1 だから，$16:t^2=2:1$
$2t^2=16$，$t^2=8$，$t=\pm2\sqrt{2}$
$t>0$ より，$t=2\sqrt{2}$
よって，点 P の座標は，$(2\sqrt{2}, 8)$

【補習問題】

⑴ 点 A の y 座標は，$y=2^2=4$

点 B は，点 A を通り x 軸に平行な直線と $y＝x^2$ のグラフとの交点だから，B(-2, 4)

$\triangle OAB＝\dfrac{1}{2}×\{2-(-2)\}×4＝8$

点 C の y 座標は，$y＝a×4^2＝16a$
点 D は，点 C を通り x 軸に平行な直線と $y＝ax^2$ のグラフとの交点だから，D(-4, 16a)

$\triangle OCD＝\dfrac{1}{2}×\{4-(-4)\}×16a＝64a$

$\triangle OAB＝\triangle OCD$ となるとき，$8＝64a$ だから，$a＝\dfrac{1}{8}$

30 直線で囲まれた図形の面積を考える問題 本冊
p.67〜68

解答

❶ B(10, 7), C(10, -5)　　❷ (2, 3)
❸ 2 点 B，C の間の距離…12
　点 A と直線 BC との距離…8
❹ 48　　❺ $\dfrac{5t+25}{2}$　　❻ $y＝\dfrac{23}{25}x-\dfrac{23}{5}$

- 補習問題 -

① (1)$y＝-\dfrac{1}{2}x+4$　　(2)3

解説

❶ 点 B は x 座標が 10 で，直線 $y＝\dfrac{1}{2}x+2$ 上の点だから，

点 B の y 座標は，$y＝\dfrac{1}{2}×10+2＝7$

点 C は x 座標が 10 で，直線 $y＝-x+5$ 上の点だから，
点 C の y 座標は，$y＝-10+5＝-5$
よって，B(10, 7), C(10, -5)

❷ $y＝\dfrac{1}{2}x+2$ と $y＝-x+5$ を連立方程式として解くと，

$x＝2$, $y＝3$
よって，点 A の座標は，(2, 3)

❸ 2 点 B，C 間の距離は，(点 B の y 座標の値)$-$(点 C の y 座標の値)だから，$7-(-5)＝12$
点 A と直線 BC との距離は，(点 B の x 座標の値)$-$(点 A の x 座標の値)だから，$10-2＝8$

❹ $\triangle ABC$ の底辺を辺 BC とすると，高さは点 A と直線 BC

との距離と等しくなるから，$\triangle ABC＝\dfrac{1}{2}×12×8＝48$

❺ 点 E の座標は(10, t)だから，$\triangle DCE$ の底辺を辺 CE とすると，
底辺 CE の長さは，

(点 E の y 座標の値)$-$(点 C の y 座標の値)，
高さは，
(点 E の x 座標の値)$-$(点 D の x 座標の値)である。
辺 CE の長さは，$t-(-5)＝t+5$
点 D の x 座標は，$y＝-x+5$ に $y＝0$ を代入して，$x＝5$
よって，$\triangle DCE$ の高さは，$10-5＝5$

したがって，$\triangle DCE$ の面積は，$\dfrac{1}{2}×(t+5)×5＝\dfrac{5t+25}{2}$

❻ $\triangle DCE$ の面積が$\triangle ABC$ の面積の半分になるとき，
$\dfrac{5t+25}{2}＝48×\dfrac{1}{2}$だから，これを解いて，$t＝\dfrac{23}{5}$

2 点 D(5, 0), E$\left(10, \dfrac{23}{5}\right)$を通る直線は$\triangle ABC$ の面積を 2 等分するから，直線 DE の式を $y＝ax+b$ とおく。
$x＝5$, $y＝0$ を代入して，$0＝5a+b$…①

$x＝10$, $y＝\dfrac{23}{5}$ を代入して，$\dfrac{23}{5}＝10a+b$…②

①，②を連立方程式として解くと，$a＝\dfrac{23}{25}$, $b＝-\dfrac{23}{5}$

よって，求める直線の式は，$y＝\dfrac{23}{25}x-\dfrac{23}{5}$

補習問題

① (1)直線⑦の式を $y＝ax+b$ とおく。
$x＝8$, $y＝0$ を代入して，$0＝8a+b$…①
$x＝2$, $y＝3$ を代入して，$3＝2a+b$…②

①，②を連立方程式として解くと，$a＝-\dfrac{1}{2}$, $b＝4$

よって，直線⑦の式は，$y＝-\dfrac{1}{2}x+4$

(2)直線①の式は，$y＝\dfrac{3}{2}x$ だから，点 P の x 座標を t

とすると，y 座標は，$\dfrac{3}{2}t$ と表せる。

点 C は直線⑦の切片だから，点 C の座標は，(0, 4)

$\triangle COP＝\dfrac{1}{2}×4×t＝2t$

$\triangle BAP＝\triangle OAP-\triangle OAB$

$＝\dfrac{1}{2}×8×\dfrac{3}{2}t-\dfrac{1}{2}×8×3$

$＝6t-12$

$\triangle COP$ と$\triangle BAP$ の面積が等しくなるとき，
$2t＝6t-12$ だから，$t＝3$

31 関数を応用した文章題

解答

❶ 300Wh ❷ 450Wh ❸ 100Wh ❹ 150Wh

❺

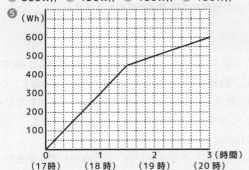

- 補習問題 -

①

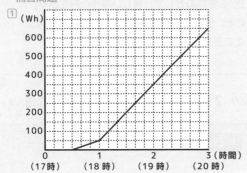

解説

❷ 1 時間 30 分 $=\frac{3}{2}$ 時間である。

設定 A で点灯させたとき，1 時間あたりの消費する電力量は 300Wh だから，1 時間 30 分で消費する電力量は，

$300 \times \frac{3}{2} = 450$(Wh)

❹ 設定 B で点灯させたとき，1 時間あたりの消費する電力量は 100Wh だから，1 時間 30 分で消費する電力量は，

$100 \times \frac{3}{2} = 150$(Wh)

❺ 17 時から 18 時 30 分までは，設定 A で 1 時間 30 分点灯させるので，450Wh の電力量を消費する。また，18 時 30 分から 20 時までは，設定 B で 1 時間 30 分点灯させるので，150Wh の電力量を消費する。20 時までに消費する電力量の合計は，450＋150＝600(Wh)である。

補習問題

① 17 時 30 分までは点灯しないので，17 時 30 分までに消費する電力量は 0Wh である。17 時 30 分から 18 時までは，設定 B で 30 分点灯させるので，

$100 \times \frac{1}{2} = 50$(Wh)の電力量を消費する。また，18 時から 20 時までは，設定 A で 2 時間点灯させるので，$300 \times 2 = 600$(Wh)の電力量を消費する。20 時までに消費する電力量の合計は，50＋600＝650(Wh)となる。

32 速さを表すグラフの問題

解答

❶ 分速 70m ❷ $y=70x$ ❸ 分速 70m
❹ $y=-70x+1400$ ❺ 700m

- 補習問題 -
① 875m

解説

❶ 14 分間で 980m 移動したので，A さんが移動したときの速さは，$\frac{980}{14}=70$ より，分速 70m

❷ 速さがグラフの傾きとなるので，$y=70x$

❸ B さんが移動した時間は，20−6＝14(分)だから，B さんが移動したときの速さは，$\frac{980}{14}=70$ より，分速 70m

❹ B さんのグラフの傾きは −70 だから，グラフの式を，$y=-70x+b$ とおく。
$x=20, y=0$ を代入して，$0=-70 \times 20+b$ より，$b=1400$
よって，求める式は，$y=-70x+1400$

❺ 2 人のグラフの交点がすれちがった時間や地点を表している。グラフの交点は，$70x=-70x+1400$ より，$x=10$
$x=10$ を A さんのグラフの式に代入して，
$y=70 \times 10=700$
よって，2 人がすれちがったのは，P 地点から 700m の地点である。

補習問題

① B さんが，9 時 11 分に Q 地点を出発して，同じ速さで移動していた場合，P 地点に到着するのは，
11＋14＝25 より，9 時 25 分である。
このとき，B さんのグラフの式を $y=-70x+b$ とおくと，
$x=25, y=0$ を代入して，$0=-70 \times 25+b$ より，$b=1750$
よって，B さんのグラフの式は，$y=-70x+1750$
2 人のグラフの交点は，$70x=-70x+1750$ より，$x=\frac{25}{2}$
$x=\frac{25}{2}$ を A さんのグラフの式に代入して，

$y=70\times\dfrac{25}{2}=875$

よって，2人がすれちがったのは，P地点から875mの地点である。

4 章 図形

33 2点から等しい距離にある直線の作図 [本冊] p.73～74

解答

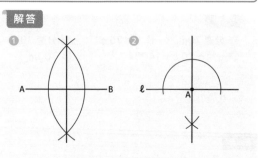

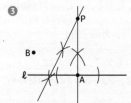

③

- 補習問題 -

①

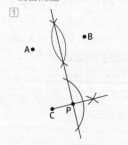

解説

❶ ① A，Bを中心として，等しい半径の円をかく。

② ①の2つの円の交点を通る直線をひく。

❷ ① Aを中心とする円をかき，直線ℓとの交点を Q，R とする。

② Q，R を中心として，等しい半径の円をかく。

③ A と，②の2つの円の交点を通る直線をひく。

❸ 2点 A，B から等しい距離にある点は，線分 AB の垂直二等分線上にある。線分 AB の垂直二等分線と A を通る直線ℓの垂線の交点が P となる。

① A，B を中心として，等しい半径の円をかく。

② ①の2つの円の交点を通る直線をひく。

③ A を中心とする円をかき，直線ℓとの交点を Q，R とする。

④ Q，R を中心として，等しい半径の円をかく。

⑤ A と，④の2つの円の交点を通る直線をひく。

⑥ ②の直線と⑤の直線の交点を P とする。

[補習問題]

① 2点 A，B から等しい距離にある点は，線分 AB の垂直二等分線上にある。線分 AB の垂直二等分線と，C を通る線分 AB の垂直二等分線の垂線との交点が P となる。

① A，B を中心として，等しい半径の円をかく。

② ①の2つの円の交点を通る直線をひく。

③ C を中心とする円をかき，②の直線との交点を D，E とする。

④ D，E を中心として，等しい半径の円をかく。

⑤ C と，④の2つの円の交点を通る直線をひく。

⑥ ②の直線と⑤の直線の交点を P とする。

34 2辺から等しい距離にある直線の作図 [本冊] p.75～76

解答

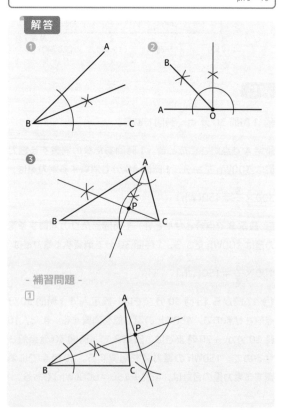

解説

❶ ① B を中心とする円をかき，半直線 BA，BC との交点をそれぞれ D，E とする。

②D，E を中心として，等しい半径の円をかく。

③②の 2 つの円の交点と B を通る直線をひく。

❷ O を通る半直線 AO の垂線を作図してから角の二等分線を作図する。

①O を中心とする円をかき，半直線 AO との交点を P，Q とする。

②P，Q を中心として，等しい半径の円をかく。

③②の 2 つの円の交点と O を通る直線をひき，①の円との交点を R とする。

④P，R を中心として，等しい半径の円をかく。

⑤O から④の 2 つの円の交点を通る半直線 OB をひく。

❸ 2 辺 AB，AC までの距離が等しい点は，∠BAC の二等分線上にある。∠BAC の二等分線と，C を通る∠BAC の二等分線の垂線との交点が P となる。

①A を中心とする円をかき，線分 AB，AC との交点をそれぞれ D，E とする。

②D，E を中心として，等しい半径の円をかく。

③②の 2 つの円の交点と A を通る直線をひく。

④C を中心とする円をかき，③の直線との交点を F，G とする。

⑤F，G を中心として，等しい半径の円をかく。

⑥C と⑤の 2 つの円の交点を通る直線をひく。

⑦③の直線と⑥の直線の交点を P とする。

補習問題

1 ∠B の二等分線と，A を通る∠B の二等分線の垂線との交点が P となる。

①B を中心とする円をかき，辺 BA，BC との交点をそれぞれ D，E とする。

②D，E を中心として，等しい半径の円をかく。

③②の 2 つの円の交点と B を通る直線をひく。

④A を中心とする円をかき，③の直線との交点を F，G とする。

⑤F，G を中心として，等しい半径の円をかく。

⑥A と⑤の 2 つの円の交点を通る直線をひく。

⑦③の直線と⑥の直線の交点を P とする。

35 おうぎ形の弧の長さや面積を利用する問題 本冊

p.77 ～ 78

解答

❶ 144°　　❷ 3π cm　　❸ 40π cm²

❹ 270°　　❺ 9√2 cm

- 補習問題 -

1 16cm

解説

❶ 360° を 5 等分したうちの 2 つ分だから，

$360° \times \dfrac{2}{5} = 144°$

❷ 半径 $r$cm，中心角 a°のおうぎ形の弧の長さは，$2\pi r \times \dfrac{a}{360}$ で求められる。半径が 9cm，中心角が 60°だから，$2\pi \times 9 \times \dfrac{60}{360} = 3\pi$（cm）

❸ 半径 $r$cm，中心角 a°のおうぎ形の面積は，$\pi r^2 \times \dfrac{a}{360}$ で求められる。半径が 20cm で，中心角が 36°だから，

$\pi \times 20^2 \times \dfrac{36}{360} = 40\pi$（cm²）

❹ 中心角を a°とすると，$\pi \times 8^2 \times \dfrac{a}{360} = 48\pi$ より，$a = 270$

よって，求めるおうぎ形の中心角は 270°

❺ 3 点 A，B，C は円 O の周を 3 等分しているので，∠AOB の大きさは $360° \times \dfrac{1}{3} = 120°$

半径を $r$cm とすると，$\pi \times r^2 \times \dfrac{120}{360} = 54\pi$ より，

$r^2 = 162$，$r = \pm9\sqrt{2}$

$r > 0$ だから，$r = 9\sqrt{2}$

よって，半径は $9\sqrt{2}$ cm

補習問題

1 180° を 1：3 に分けているから，∠BOC の大きさは，$180° \times \dfrac{3}{1+3} = 135°$

半径を $r$cm とすると，$\pi \times r^2 \times \dfrac{135}{360} = 96\pi$ より，

$r^2 = 256$，$r = \pm16$

$r > 0$ だから，$r = 16$

よって，円 O の半径は 16cm

36 直線と平面の位置関係の問題 本冊

p.79 ～ 80

解答

❶ 辺 DC，辺 EF，辺 HG

❷ 辺 AB，辺 CD，辺 BF，辺 CG

❸ 辺 BF，辺 CG，辺 EF，辺 HG

❹ 辺 DE，辺 EF，辺 FD

❺ 辺 AD，辺 BE，辺 CF

❻ ウ，エ

- 補習問題 -

1 辺 CF，辺 DF，辺 EF

解説

① 辺 AB と同じ平面上にあって，辺 AB と交わらない辺が辺 AB と平行な辺である。辺 AB を含む平面は，長方形 ABCD，長方形 ABFE である。また，長方形 ABGH も辺 AB を含む平面である。

よって，辺 AB と平行な辺は辺 DC，辺 EF，辺 HG。

② 長方形のとなり合う辺は垂直である。辺 BC を含む平面は，長方形 ABCD，長方形 BFGC である。

よって，辺 BC と垂直な辺は辺 AB，辺 CD，辺 BF，辺 CG。

③ ねじれの位置にある辺は，<u>平行でなく，交わらない辺</u>だから，辺 AD と同じ平面上にない辺を考える。

辺 BF，辺 CG，辺 EF，辺 HG が辺 AD とねじれの位置にある辺である。

④ 面 ABC と平行な面をさがし，その面に含まれる辺を考える。面 ABC と平行な面は面 DEF だから，面 ABC と平行な辺は辺 DE，辺 EF，辺 FD。

⑤ 面 ABC に含まれる辺と垂直な辺を考える。面 ABC に含まれる辺は辺 AB，BC，AC だから，面 ABC に垂直な辺は辺 AD，辺 BE，辺 CF。

⑥ ねじれの位置にある直線は，平行でなく，交わらない直線である。直線 BC と平行な直線は直線 DE，交わる直線は直線 BE，CD，BA，CA だから，直線 BC とねじれの位置にある直線は，直線 AD と直線 AE である。

補習問題

1 ねじれの位置にある辺は，平行でなく，交わらない辺である。辺 AB と平行な辺は，辺 DE，交わる辺は，辺 AC，BC，AD，BE だから，辺 AB とねじれの位置にある辺は，辺 CF，辺 DF，辺 EF。

37 立体の体積を求める問題
[本冊] p.81 ～ 82

解答

① 20cm^3　　**②** 4cm　　**③** 112cm^3　　**④** $\dfrac{28}{3}\text{cm}^3$

- 補習問題 -

1 48cm^3

解説

① <u>角柱の体積を V，底面積を S，高さを h とすると，</u>
<u>$V=Sh$ である。</u>

△ABC を底面とすると，高さは CF＝4cm だから，

求める体積は，$\dfrac{1}{2}×2×5×4＝20(\text{cm}^3)$

② 角錐の高さは，底面に対して垂直である。△CGQ を底面とすると，GP⊥GC，GP⊥GQ だから，高さは GP になる。P は辺 FG の中点だから，GP＝$\dfrac{1}{2}$×8＝4(cm)

③ <u>角錐の体積を V，底面積を S，高さを h とすると，</u>
<u>$V=\dfrac{1}{3}Sh$ である。</u>

△BCD を底面とすると，高さは AC＝12cm だから，

求める体積は，$\dfrac{1}{3}×\dfrac{1}{2}×8×7×12＝112(\text{cm}^3)$

④ 頂点 D を含む立体は，右の図の影をつけた部分である。立体の体積は，三角柱 ABC－DEF の体積から三角錐 G－ABC の体積をひいて求められる。

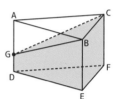

三角柱 ABC－DEF の体積は，

$\dfrac{1}{2}×4×2×3＝12(\text{cm}^3)$

三角錐 G－ABC は，底面を△ABC としたときの高さが AG だから，体積は，$\dfrac{1}{3}×\dfrac{1}{2}×4×2×(3-1)＝\dfrac{8}{3}(\text{cm}^3)$

よって，求める立体の体積は，$12-\dfrac{8}{3}＝\dfrac{28}{3}(\text{cm}^3)$

補習問題

1 立体 J－IBFE は，底面を四角形 IBFE とした四角錐である。

底面の四角形 IBFE は台形で，IB＝$6×\dfrac{1}{2+1}＝2(\text{cm})$だから，底面積は，$\dfrac{1}{2}×(2+6)×6＝24(\text{cm}^2)$である。

四角錐 J－IBFE の高さは BC＝6cm だから，

求める立体の体積は，$\dfrac{1}{3}×24×6＝48(\text{cm}^3)$

38 回転体の体積を求める問題
[本冊] p.83 ～ 84

解答

① ウ　　　　　　　　**②** $256\pi\text{cm}^3$　　**③** $32\pi\text{cm}^3$

④ $288\pi\text{cm}^3$　　**⑤** $\dfrac{128}{3}\pi\text{cm}^3$

- 補習問題 -

1 $4\pi\text{cm}^3$

解説

① 1 回転させると，次の図のような円柱になる。

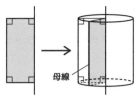

母線

❷ 円柱の体積を *V*, 底面の半径を *r*, 高さを *h* とすると, $V=\pi r^2 h$ である。

底面の円の半径が 8cm, 高さが 4cm だから,

求める円柱の体積は, $\pi \times 8^2 \times 4 = 256\pi (\text{cm}^3)$

❸ 円錐の体積を *V*, 底面の半径を *r*, 高さを *h* とすると, $V=\dfrac{1}{3}\pi r^2 h$ である。

底面の円の半径が 4cm, 高さが 6cm だから,

求める円錐の体積は, $\dfrac{1}{3}\times\pi\times 4^2 \times 6 = 32\pi (\text{cm}^3)$

❹ 半径が *r* の球の体積を *V* とすると,

$V=\dfrac{4}{3}\pi r^3$ である。

半径が 6cm だから,

求める球の体積は, $\dfrac{4}{3}\times\pi\times 6^3 = 288\pi (\text{cm}^3)$

❺ できる立体は, 右の図のような半球になる。半球の半径は 4cm だから, 求める体積は,

$\dfrac{1}{2}\times\dfrac{4}{3}\times\pi\times 4^3 = \dfrac{128}{3}\pi (\text{cm}^3)$

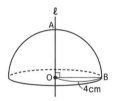

補習問題

① できる立体は右の図のような, 底面の円の半径が 2cm で高さが 3cm の円錐になる。よって, 求める体積は,

$\dfrac{1}{3}\times\pi\times 2^2 \times 3 = 4\pi (\text{cm}^3)$

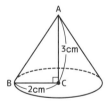

39 平行線と角の問題

本冊 p.85 〜 86

解答

❶ 21° ❷ 117° ❸ 56°

❹ 113° ❺ 128°

- 補習問題 -

① 116°

解説

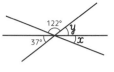

❶ 右の図で, 対頂角は等しいから, ∠*y*=37°

よって, ∠*x*+37°+122°=180° となるから,

∠*x*=180°−(37°+122°)=21°

❷ 平行線の同位角は等しいから, ∠*x*=117°

❸ 平行線の錯角は等しいから, ∠*x*=56°

❹ 右の図のように, ∠*x* を直線 *n* の上側と下側に分けそれぞれ∠*a*, ∠*b* とする。平行線の同位角は等しいから, ∠*a*=76°

また, 平行線の錯角は等しいから, ∠*b*=37°

よって, ∠*x*=∠*a*+∠*b*=76°+37°=113°

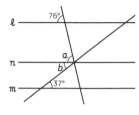

❺ 右の図のように, *ℓ*, *m* に平行な直線 *n* をひいて, 110°の角を∠*a* と∠*b* に分ける。平行線の錯角は等しいから, ∠*a*=58°

よって, ∠*b*=110°−58°=52°

平行線の錯角は等しいから, ∠*c*=∠*b*=52°

したがって, ∠*x*=180°−52°=128°

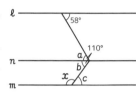

補習問題

① *ℓ*, *m* に平行な直線 *n* をひいて, 95°の角を∠*a*(上側)と∠*b*(下側)に分ける。平行線の同位角は等しいから, ∠*a*=31° よって, ∠*b*=95°−31°=64°

∠*x* の左側の角を∠*c* とすると,

平行線の錯角は等しいから, ∠*c*=∠*b*=64°

よって, ∠*x*=180°−64°=116°

40 多角形の内角や外角を求める問題

本冊 p.87 〜 88

解答

❶ 540° ❷ 135° ❸ 9 ❹ 360° ❺ 134°

- 補習問題 -

① 50°

解説

❶ *n* 角形の内角の和は, 180°×(*n*−2) で求められる。

よって, 五角形の内角の和は, 180°×(5−2)=540°

❷ 八角形の内角の和は，180°×(8−2)=1080°

正八角形の 8 つの内角の大きさはすべて等しいから，

正八角形の 1 つの内角の大きさは，1080°÷8=135°

❸ n 角形の内角の和は，180°×(n−2)で求められる。

また，1 つの内角が 140°だから，内角の和は 140°×n

と表せる。よって，180(n−2)=140n が成り立つ。

180n−360=140n より，40n=360，n=9

[別の考え方]

1 つの内角と外角の和は 180°だから，

1 つの外角の大きさは，180°−140°=40°

多角形の外角の和は 360°だから，

n=360÷40=9 として求めてもよい。

❹ 多角形の外角の和は 360°である。

❺ $\angle x$ の外角を $\angle y$ とすると，$\angle x$+$\angle y$=180°

多角形の外角の和は 360°だから，

$\angle y$=360°−(55°+115°+65°+79°)=46°

よって，$\angle x$=180°−46°=134°

補習問題

① 多角形の外角の和は 360°だから，

$\angle x$=360°−(110°+40°+90°+70°)=50°

41 2つの三角形が合同であることを証明する問題 本冊
p.89～90

解答

❶ 線分 AC ❷ 線分 AE ❸ 90°−x° ❹ 90°−x°

❺ (例) △ADB と △AEC において

仮定より，AB=AC…①

AD=AE…②

∠DAE=∠BAC=90°…③

また，∠DAB=∠DAE−∠BAE…④

∠EAC=∠BAC−∠BAE…⑤

∠BAE は共通な角だから，

③，④，⑤から，∠DAB=∠EAC…⑥

①，②，⑥から，2 組の辺とその間の角がそれぞ

れ等しいから，△ADB≡△AEC

- 補習問題 -

①(例) △ABP と △ACQ において，

仮定から，△ABC と △ABD はともに正三角形だから，

AB=AC…①

∠ABP=∠ACQ…②

仮定から，∠PAQ=60°

∠BAP=∠PAQ−∠BAQ=60°−∠BAQ

また，∠CAQ=∠CAB−∠BAQ=60°−∠BAQ

よって，∠BAP=∠CAQ…③

①，②，③より，1 組の辺とその両端の角がそれ

ぞれ等しいから，△ABP≡△ACQ

解説

❶ △ABC は∠BAC=90°の直角二等辺三角形だから，直

角をはさむ 2 辺の長さは等しい。よって，AB=AC

❷ △ADE は∠DAE=90°の直角二等辺三角形だから，直

角をはさむ 2 辺の長さは等しい。よって，AD=AE

❸ ∠DAB=∠DAE−∠BAE で，∠DAE=90°だから，

∠DAB=90°−x°

❹ ∠EAC=∠BAC−∠BAE で，∠BAC=90°だから，

∠EAC=90°−x°

❺ 二等辺三角形の性質から，AB=AC，AD=AE がいえ

る。共通な角に着目して，∠DAB=∠EAC がいえると，2

組の辺とその間の角がそれぞれ等しいことがいえて合同

であることが証明できる。

補習問題

① 正三角形の性質から，AB=AC，∠ABP=∠ACQ がい

える。正三角形の 1 つの内角の大きさは 60°であること

に着目して，∠BAP=∠CAQ がいえると，1 組の辺とそ

の両端の角がそれぞれ等しいことがいえて合同であるこ

とが証明できる。

42 二等辺三角形の性質を利用した問題 本冊
p.91～92

解答

❶ 54° ❷ 5cm ❸ 88° ❹ 69°

❺ ∠x…20°，∠y…40°，∠z…70°

- 補習問題 -

① 4cm

解説

❶ 二等辺三角形の底角は等しい。AB=AC だから，

底角は，∠ACB=∠ABC=54°

❷ 二等辺三角形は 2 辺の長さが等しい三角形である。

∠ABC=∠ACB だから，∠BAC が頂角となる。

よって，AC=AB=5cm

❸ 二等辺三角形の底角は等しいから，

∠ACB=∠ABC=46°

∠BAC は頂角だから，

∠BAC=180°−46°×2=88°

❹ AB=AC だから，∠ABC=∠ACB である。

よって，∠ABC=(180°−42°)÷2=69°

❺ △ADB は，DA=DB の二等辺三角形で，∠x は底角で

ある。二等辺三角形の底角は等しいから，∠x=20°

△ADB の内角と外角の関係より，

∠y＝∠DBA＋∠x＝20°＋20°＝40°

△ADC は DA＝DC の二等辺三角形で，∠z は底角である。

二等辺三角形の底角は等しいから，

∠z＝（180°－∠y）÷2

　　＝（180°－40°）÷2＝70°

補習問題

1 AP//DC より，同位角は等しいから，∠BAP＝∠ADC

また，AP//DC より，錯角は等しいから，∠PAC＝∠ACD

∠BAP＝∠PAC だから，∠ADC＝∠ACD

よって，△ACD は 2 つの角が等しいから，二等辺三角形

である。したがって，AD＝AC＝4cm

---

43 平行四辺形の性質を利用した問題 本冊
p.93 ～ 94

解答

❶ 68°　❷ 127°　❸ 78°　❹ 32°　❺ 56°

- 補習問題 -

1 112°

解説

❶ 平行四辺形の対角は等しいから，

∠ADC＝∠ABC＝68°

❷ 平行四辺形の向かい合う辺は平行だから，AD//BC

平行線の錯角は等しいから，

∠EFC＝∠AEF＝127°

❸ 線分 BE は∠ABC の二等分線だから，

∠ABC＝2∠ABE＝2×39°＝78°

平行四辺形の対角は等しいから，

∠ADC＝∠ABC＝78°

❹ △EBC において，内角と外角の関係より，

∠EBC＋∠BCE＝∠AEC

よって，∠BCE＝104°－72°＝32°

❺ AD//BC より，錯角は等しいから，

∠FAD＝∠AEB＝56°

△AFD において，三角形の内角の和は 180°だから，

∠ADF＝180°－（90°＋56°）＝34°

線分 DF は∠ADC の二等分線だから，

∠ADC＝2∠ADF＝2×34°＝68°

平行四辺形の対角は等しいから，

∠ABE＝∠ADC＝68°

△ABE において，三角形の内角の和は 180°だから，

∠BAF＝180°－（∠ABE＋∠AEB）

＝180°－（68°＋56°）＝56°

補習問題

1 平行四辺形の対角は等しいから，

∠ABC＝∠ADC＝70°

三角形の内角と外角の関係より，

∠x＝42°＋70°＝112°

---

44 2 つの三角形が相似であることを証明する問題 本冊
p.95 ～ 96

解答

❶ ∠CAF　　❷ x°＋y°　　❸ x°＋y°

❹（例）　△ADH と△ACF において，

仮定から，

∠DAH＝∠CAF…①

△BCD において，外角はそれととなり合わない 2

つの内角の和に等しいので，

∠ADH＝∠DBC＋∠DCB…②

また，

∠ACF＝∠ACD＋∠DCB…③

仮定から，

∠DBC＝∠ACD…④

②，③，④から，

∠ADH＝∠ACF…⑤

①，⑤から，2 組の角がそれぞれ等しいので，

△ADH ∽△ACF

- 補習問題 -

1（例）　△AGL と△BIH において，

△ABC は正三角形だから，

∠LAG＝∠HBI…①

∠ALG＋∠AGL＝120°…②

△DEF は正三角形だから，

∠GDH＝60°

∠DGH＋∠DHG＝120°…③

対頂角は等しいから，

∠AGL＝∠DGH…④

②，③，④より，∠ALG＝∠DHG…⑤

また，対頂角は等しいから，

∠DHG＝∠BHI…⑥

⑤，⑥より，∠ALG＝∠BHI…⑦

①，⑦より，2 組の角がそれぞれ等しいから，

△AGL ∽△BIH

解説

❶ 線分 AF は∠BAC の二等分線だから，

∠DAH＝∠CAF

❷ △BCD で，三角形の内角と外角の関係より，

∠DBC＋∠DCB＝∠ADC である。

よって，∠ADC＝$x°＋y°$

❸ ∠ACD＝∠ABC＝$x°$だから，

∠ACF＝∠ACD＋∠DCB＝$x°＋y°$

❹ △ADH と △ACF で，

角の二等分線から，∠DAH＝∠CAF がいえる。

三角形の内角と外角の関係に着目して，∠ADH＝∠ACF

がいえると，2 組の角がそれぞれ等しいことがいえて相

似であることが証明できる。

補習問題

[1] △AGL と △BIH で，

正三角形の性質から，∠LAG＝∠HBI がいえる。

正三角形の 1 つの内角が 60°であることと，対頂角は等

しいことに着目して，∠ALG＝∠BHI がいえると，2 組の

角がそれぞれ等しいことがいえて相似であることが証明

できる。

---

45 2つの三角形が相似であることを利用する問題 [本冊] p.97〜98

解答

❶ ∠ADC ❷ 2組の角がそれぞれ等しい。 ❸ 辺 DF

❹ $\dfrac{12}{5}$ cm

- 補習問題 -

[1] $\dfrac{25}{6}$ cm

解説

❶ 平行四辺形の対角は等しいから，

∠ABC＝∠ADC

❷ △BCE と △DFH において，

仮定より，∠BEC＝∠DHF＝90°…①

平行四辺形の対角は等しいから，

∠EBC＝∠ADC…②

対頂角は等しいから，

∠ADC＝∠HDF…③

②，③より，∠EBC＝∠HDF…④

①，④より，2 組の角がそれぞれ等しいから，

△BCE ∽△DFH

❸ △BCE と △DFH はともに直角三角形で，辺 BC は斜

辺だから，辺 BC に対応する辺は，辺 DF である。

❹ △BCE ∽△DFH だから，

辺 BE に対応する辺は辺 DH である。

BC＝AD＝6cm だから，

BE：BC＝DH：DF より，

BE：6＝2：5

BE＝$\dfrac{12}{5}$（cm）

補習問題

[1] △ABC と △ACD において，

仮定より，

∠ABC＝∠ACD…①

共通な角だから，

∠BAC＝∠CAD…②

①，②より，2 組の角がそれぞれ等しいから，

△ABC ∽△ACD

辺 AD に対応する辺は辺 AC だから，

AB：AC＝AC：AD より，

6：5＝5：AD

AD＝$\dfrac{25}{6}$（cm）

---

46 辺の比を使って面積比を求める問題 [本冊] p.99〜100

解答

❶ 3：2 ❷ △BAF ❸ 3：2

❹ $\dfrac{1}{3}$ 倍 ❺ $\dfrac{2}{15}$ 倍

- 補習問題 -

[1] $\dfrac{25}{208}$ 倍

解説

❶ CE：ED＝1：2 で，CD＝CE＋ED だから，

CD：ED＝（CE＋ED）：ED

　　　　＝（1＋2）：2

　　　　＝3：2

❷ △DEF と △BAF において，

平行線の錯角が等しいから，

∠DEF＝∠BAF…①

∠EDF＝∠ABF…②

①，②より，2 組の角がそれぞれ等しいから，

△DEF ∽△BAF

❸ △DEF と △BAF は相似で，相似な三角形の対応する

辺の比は等しいから，BF：FD＝AB：ED

平行四辺形の向かい合う辺は等しいから，AB＝CD

よって，BF：FD＝CD：ED＝3：2

❹ △ACD と △AED は底辺をそれぞれ CD，ED としたと

きの高さが等しいから，

△ACD と△AED の面積比は，CD：ED＝3：2

△ACD の面積は平行四辺形 ABCD の面積の$\frac{1}{2}$倍だから，

△AED の面積は，平行四辺形 ABCD の面積の，

$\frac{1}{2} \times \frac{2}{3} = \frac{1}{3}$（倍）

❺ △AED と△DEF は底辺をそれぞれ AE，EF としたときの高さが等しいから，面積比は，AE：EF と等しい。

△DEF∽△BAF に注目すると，

AF：EF＝AB：ED＝CD：ED＝3：2

AE＝AF＋FE だから，

AE：EF＝（3＋2）：2＝5：2

よって，△DEF の面積は△AED の面積の$\frac{2}{5}$倍。

△AED の面積は平行四辺形 ABCD の面積の$\frac{1}{3}$倍だから，

△DEF の面積は平行四辺形 ABCD の面積の，$\frac{1}{3} \times \frac{2}{5} = \frac{2}{15}$（倍）

補習問題

1　△ADB と△CDE は，底辺をそれぞれ AD，ED としたときの高さが等しいから，面積比は AD：ED と等しい。

AE：ED＝3：5 だから，

AD：ED＝（AE＋ED）：ED＝（3＋5）：5＝8：5

よって，△CDE の面積は△ADB の面積の$\frac{5}{8}$倍。

△ADB の面積は平行四辺形 ABCD の面積の$\frac{1}{2}$倍だから，

△CDE の面積は平行四辺形 ABCD の面積の，$\frac{1}{2} \times \frac{5}{8} = \frac{5}{16}$（倍）

また，△DEF と△CDE は，底辺をそれぞれ EF，EC としたときの高さが等しいから，面積比は EF：EC と等しい。

EF：FC＝ED：CB＝ED：AD＝5：8 だから，

EF：EC＝5：（5＋8）＝5：13

よって，△DEF の面積は△CDE の面積の$\frac{5}{13}$倍。

したがって，△DEF の面積は平行四辺形 ABCD の面積の，

$\frac{5}{16} \times \frac{5}{13} = \frac{25}{208}$（倍）

解説

❶ 相似な図形の対応する線分の長さの比が相似比になる。

△ABC∽△ADE で，辺 AB に対応する辺は辺 AD だから，

相似比は，AB：AD＝10：6＝5：3

❷ 相似比が $m：n$ ならば，面積比は $m^2：n^2$ である。

円は相似な図形だから，半径の比が相似比となる。

円 A と円 B の半径の比が，4：6＝2：3 だから，

円 A と円 B の面積比は，$2^2：3^2 = 4：9$

❸ 相似比が $m：n$ ならば，体積比は $m^3：n^3$ である。

立方体は相似な図形だから，1 辺の長さの比が相似比となる。

立方体 A と立方体 B の 1 辺の長さの比が，3：4 だから，

立方体 A と立方体 B の体積比は，$3^3：4^3 = 27：64$

❹ 2 つの円柱は相似であり，高さの比が相似比となるから，円柱 A と円柱 B の相似比は 3：5

よって，円柱 A と円柱 B の体積比は，$3^3：5^3 = 27：125$

❺ はじめに水が入っていた部分（A）と水を増やしたあとの部分（B）は，相似な円錐と考えることができる。

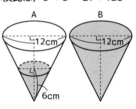

容器の高さは 12cm だから，A の円錐の高さと，B の円錐の高さの比は，6：12＝1：2

よって，体積比は，$1^3：2^3 = 1：8$ だから，水の体積は 8 倍になっている。

補習問題

1　三角錐 A－BCD と三角錐 A－EFG は相似であり，対応する辺の長さの比が相似比となる。

点 E は辺 AB の中点だから，AB：AE＝2：1 より，

三角錐 A－BCD と三角錐 A－EFG の相似比は 2：1

よって，体積比は，$2^3：1^3 = 8：1$ だから，

三角錐 A－BCD の体積は三角錐 A－EFG の体積の 8 倍である。

---

47 相似比を利用して体積比を求める問題 本冊
p.101 ～ 102

解答

❶ 5：3　❷ 4：9　❸ 27：64

❹ 27：125　❺ 8 倍

- 補習問題 -

1 8 倍

---

48 平行線と線分の比の関係を利用して長さを求める問題 本冊
p.103 ～ 104

解答

❶ AD…3cm，BC…12cm　❷ 6cm　❸ 4cm

❹ 9cm　❺ $\frac{10}{7}$ cm

- 補習問題 -

1 $\frac{6}{5}$ cm

解説

❶ DE//BC だから，AD：AB＝AE：AC＝DE：BC

AD：AB＝AE：AC より，

AD：9＝2：6

AD＝3(cm)

AE：AC＝DE：BC より，2：6＝4：BC

BC＝12(cm)

❷ DE//BC だから，

AD：DB＝AE：EC より，6：4＝9：EC

CE＝6(cm)

❸ DE//BC だから，

DE：BC＝AE：AC より，3：BC＝6：(6＋2)

BC＝4(cm)

❹ DE//BC だから，DA：AC＝EA：AB＝DE：BC

EA：AB＝DE：BC より，8：6＝12：BC

BC＝9(cm)

❺ AD//BC だから，DE：EB＝AD：CB＝2：5

また，EF//BC だから，DE：DB＝EF：BC

よって，2：(2＋5)＝EF：5

$EF＝\dfrac{10}{7}$(cm)

補習問題

① AB//CD だから，AE：ED＝2：3

また，AB//EF だから，DE：DA＝EF：AB

よって，3：(3＋2)＝EF：2

$EF＝\dfrac{6}{5}$(cm)

る中心角の大きさの半分である。

$\stackrel{\frown}{CD}$ に対する中心角は，$∠COD＝360°×\dfrac{1}{8}＝45°$

∠CAD は $\stackrel{\frown}{CD}$ に対する円周角だから，$45°×\dfrac{1}{2}＝22.5°$

❸ 弧の長さが2倍になると，円周角の大きさも2倍になる。

∠CAD は $\stackrel{\frown}{CD}$ に対する円周角，∠EHG は $\stackrel{\frown}{EG}$ に対する円周角で，$\stackrel{\frown}{CD}$ の長さは $\stackrel{\frown}{EG}$ の長さの$\dfrac{1}{2}$だから，

∠CAD の大きさは，∠EHG の大きさの$\dfrac{1}{2}$である。

❹ ∠x は $\stackrel{\frown}{CD}$ に対する円周角である。$\stackrel{\frown}{AB}$ に対する円周角の大きさは45°だから，$∠x＝45°÷3＝15°$

❺ $\stackrel{\frown}{BC}$ に対する中心角(∠BOC)の大きさは72°だから，$\stackrel{\frown}{BC}$ に対する円周角(∠BAC)の大きさは，

$∠BAC＝72°×\dfrac{1}{2}＝36°$

$\stackrel{\frown}{CD}$ の長さは $\stackrel{\frown}{BC}$ の$\dfrac{4}{3}$倍だから，

$\stackrel{\frown}{CD}$ に対する円周角(∠x)の大きさは，

$\stackrel{\frown}{BC}$ に対する円周角(∠BAC)の大きさの$\dfrac{4}{3}$倍である。

よって，$∠x＝36°×\dfrac{4}{3}＝48°$

補習問題

① $\stackrel{\frown}{AB}$ の長さは $\stackrel{\frown}{CD}$ の長さの2倍だから，

$\stackrel{\frown}{AB}$ に対する円周角(∠ACB)の大きさは，

$\stackrel{\frown}{CD}$ に対する円周角(∠CBD)の大きさの2倍である。

∠CBD＝22°だから，$∠ACB＝22°×2＝44°$

三角形の内角と外角の関係より，

$∠x＝22°＋44°＝66°$

---

49 円周角の定理を使って角の大きさを求める問題 _{本冊}
p.105〜106

解答

❶ 45°　　❷ 22.5°　　❸ $\dfrac{1}{2}$倍　　❹ 15°

❺ 48°

- 補習問題 -

① 66°

解説

❶ 中心角の大きさは弧の長さに比例する。

$\stackrel{\frown}{CD}$ は円周の$\dfrac{1}{8}$だから，$∠COD＝360°×\dfrac{1}{8}＝45°$

❷ 1つの弧に対する円周角の大きさは，その弧に対す

---

50 円の直径を利用して円周角の大きさを求める問題 _{本冊}
p.107〜108

解答

❶ 80°　　❷ ∠ACB…35°，∠ADB…35°

❸ 90°　　❹ 60°　　❺ 80°

- 補習問題 -

① 36°

解説

❶ 三角形の外角は，それととなり合わない2つの内角の和に等しいから，$∠x＝55°＋25°＝80°$

❷ 1つの弧に対する円周角の大きさは，その弧に対する中心角の大きさの半分である。

∠AOB は，$\stackrel{\frown}{AB}$ に対する中心角で，∠ACB は $\stackrel{\frown}{AB}$ に対する

円周角だから，∠ACB＝70°×$\frac{1}{2}$＝35°

∠ADB も $\overset{\frown}{AB}$ に対する円周角だから，∠ADB＝35°

❸ $\overset{\frown}{AB}$ は半円の弧だから，$\overset{\frown}{AB}$ に対する円周角は 90° である。

❹ 線分 OB，OC は円の半径だから，OB＝OC

△OBC は二等辺三角形だから，∠OCB＝∠OCB＝30°

$\overset{\frown}{AB}$ は半円の弧だから，∠ACB＝90°

よって，∠ACO＝90°－30°＝60°

❺ $\overset{\frown}{CD}$ に対する中心角(∠COD)の大きさが 46°だから，

$\overset{\frown}{CD}$ に対する円周角(∠CAD)の大きさは，

∠CAD＝46°×$\frac{1}{2}$＝23°

線分 BD は直径だから，

$\overset{\frown}{BD}$ に対する円周角(∠BAD)の大きさは 90°

よって，∠BAC＝90°－23°＝67°

三角形の内角の和は 180°だから，

∠x＝180°－(33°＋67°)＝80°

補習問題

[1] $\overset{\frown}{AD}$ に対する円周角は等しいから，

∠ABD＝∠ACD＝20°

線分 BC は円の直径だから，∠BAC＝90°

△ABC で，内角の和は 180°だから，

∠ACB＝180°－(20°＋34°＋90°)＝36°

$\overset{\frown}{AB}$ に対する円周角は等しいから，

∠ADB＝∠ACB＝36°

---

51 三平方の定理を使って線分の長さを求める問題 本冊
p.109～110

解答

❶ 10cm ❷ 12cm ❸ x＝5 ❹ x＝8 ❺ x＝3

- 補習問題 -

[1] $x^2＋3^2＝(6－x)^2$，$\frac{9}{4}$cm

解説

❶ 折り返した図形は，もとの図形と合同だから，対応する線分の長さは等しい。

△EBC≡△EFC より，EF＝EB だから，

EF＝EB＝AB－AE＝16－6＝10(cm)

❷ △AEF において，AF²＝EF²－AE² だから，

AF²＝15²－9²＝225－81＝144

AF＞0 より，AF＝12(cm)

---

❸ 直角三角形で，斜辺の長さは$(x＋8)$cm だから，三平方の定理より，

$x^2＋12^2＝(x＋8)^2$

$x^2＋144＝x^2＋16x＋64$

$16x＝80$

$x＝5$

❹ AE＝$x$cm，AD＝15cm，ED＝EB＝25－x(cm) だから，△AED で，三平方の定理より，

$x^2＋15^2＝(25－x)^2$

$x^2＋225＝625－50x＋x^2$

$50x＝400$

$x＝8$

❺ AE＝$x$cm，AP＝8×$\frac{1}{2}$＝4(cm)，EP＝EB＝8－x(cm)

だから，△AEP で，三平方の定理より，

$x^2＋4^2＝(8－x)^2$

$x^2＋16＝64－16x＋x^2$

$16x＝48$

$x＝3$

補習問題

[1] BE＝$x$cm，BM＝6×$\frac{1}{2}$＝3(cm)，EM＝EA＝6－x(cm)

だから，△EBM で，三平方の定理より，

$x^2＋3^2＝(6－x)^2$

$x^2＋9＝36－12x＋x^2$

$12x＝27$

$x＝\frac{9}{4}$

よって，$\frac{9}{4}$cm

---

52 三平方の定理を使って立体の体積を求める問題 本冊
p.111～112

解答

❶ $5\sqrt{2}$ cm　　❷ $3\sqrt{5}$ cm　　❸ 216cm³

❹ $\frac{32\sqrt{7}}{3}$cm³

- 補習問題 -

[1] $36\sqrt{7}$ cm³

解説

❶ △ABO は直角二等辺三角形だから，辺の長さの比は，

OA：AB＝1：$\sqrt{2}$

よって，OA：10＝1：$\sqrt{2}$

OA＝$5\sqrt{2}$（cm）

❷ △OAH は直角三角形だから，OH²＝OA²－AH²

OH²＝9^2-6^2＝81－36＝45

OH＞0 より，OH＝$3\sqrt{5}$（cm）

❸ 角錐の体積 V は，底面積を S，高さを h とすると，

$V=\dfrac{1}{3}Sh$

正四角錐 O－ABCD は，底面が正方形 ABCD，高さが OH だから，求める体積は，

$\dfrac{1}{3}×9×9×8$＝216（cm³）

❹ △OAH で AH²＋OH²＝OA² から，正四角錐の高さ OH を求める。

△ABH は直角二等辺三角形だから，

AH：AB＝1：$\sqrt{2}$

よって，AH：4＝1：$\sqrt{2}$，AH＝$2\sqrt{2}$cm

OH²＝OA²－AH²＝$6^2-(2\sqrt{2})^2$＝36－8＝28

OH＞0 より，OH＝$2\sqrt{7}$cm

したがって，求める体積は，

$\dfrac{1}{3}×4×4×2\sqrt{7}=\dfrac{32\sqrt{7}}{3}$（cm³）

補習問題

[1] 底面の正方形の対角線の交点を H とすると，OH が正四角錐の高さとなる。

△ABH は直角二等辺三角形だから，

AH：AB＝1：$\sqrt{2}$

よって，AH：6＝1：$\sqrt{2}$，AH＝$3\sqrt{2}$cm

OH²＝OA²－AH²＝$9^2-(3\sqrt{2})^2$＝81－18＝63

OH＞0 より，OH＝$3\sqrt{7}$cm

したがって，求める体積は，

$\dfrac{1}{3}×6×6×3\sqrt{7}$＝$36\sqrt{7}$（cm³）

5 章　確率・データ活用

53 相対度数を利用する問題

本冊
p.113 ～ 114

解答

❶ ウ　❷ 45cm　❸ 9　❹ 0.16　❺ A 中学校

- 補習問題 -

[1]（1）25m　（2）18（人）

解説

❷ 度数が最も多い階級の階級値が，そのデータの最頻値となる。度数が最も多いのは 40cm 以上 50cm 未満の階級で，その階級値は，$\dfrac{40+50}{2}$＝45（cm）である。

❸ 表 2 で，60cm 以上 65cm 未満の階級の度数は 7 人，65cm 以上 70cm 未満の階級の度数は 2 人だから，表 3 において，B 中学校の記録が 60cm 以上 70cm 未満の階級の度数は，7＋2＝9（人）である。

❹ 60cm 以上 70cm 未満の階級の度数は 4 人で，度数の合計は 25 人だから，相対度数 ＝ $\dfrac{その階級の度数}{度数の合計}$ より，

求める相対度数は，$\dfrac{4}{25}$＝0.16

❺ A 中学校と B 中学校の，60cm 以上 70cm 未満の階級の相対度数を比べる。B 中学校で，60cm 以上 70cm 未満の階級の度数は 9 人で，度数の合計は 75 人だから，

60cm 以上 70cm 未満の階級の相対度数は，$\dfrac{9}{75}$＝0.12

A 中学校の 60cm 以上 70cm 未満の階級の相対度数は 0.16 だから，A 中学校のほうが大きいことがわかる。

補習問題

[1]（1）A 中学校の度数分布表で，最も度数が多い階級は 20m 以上 30m 未満の階級である。

この階級の階級値が最頻値となるから，

最頻値は，$\dfrac{20+30}{2}$＝25（m）である。

（2）A 中学校で，10m 以上 20m 未満の階級の相対度数は，

$\dfrac{66}{220}$＝0.30

B 中学校で，10m 以上 20m 未満の階級の相対度数が 0.30 だから，（ア）＝60×0.30＝18（人）

54 ヒストグラムから代表値を読み取る問題

本冊
p.115 ～ 116

解答

❶ 20m 以上 25m 未満の階級
❷ 30m 以上 35m 未満の階級　❸ 22.5m
❹ 0.20　❺ 0.48　❻ ア，エ

- 補習問題 -

[1] ア，ウ

解説

❶ 中央値とは，データの値を大きさの順に並べたときの中央の値である。A 中学校のデータの個数は 100 個なので，中央値は，50 番目の値と 51 番目の値の平均になる。15m 以上 20m 未満の階級の累積度数は，

3＋17＋26＝46（人）で，20m 以上 25m 未満の階級の累積度数は，46＋24＝70（人）だから，50 番目の値と 51 番目の値は，20m 以上 25m 未満の階級に入っている。よって，中央値が入っている階級は 20m 以上 25m 未満の階級である。

❸ B 中学校のヒストグラムで，最も度数が多い階級は 20m 以上 25m 未満の階級である。

この階級の階級値が最頻値となるから，

最頻値は，$\dfrac{20＋25}{2}＝22.5$（m）である。

❹ A 中学校で，25m 以上 30m 未満の階級の度数は 20 人で，度数の合計は 100 人だから，求める相対度数は，

$\dfrac{20}{100}＝0.20$

❺ B 中学校において，15m 以上 20m 未満の階級の累積度数は，1＋8＋15＝24（人）で，度数の合計は 50 人だから，求める累積相対度数は，$\dfrac{24}{50}＝0.48$

❻ ア…B 中学校のデータの個数は 50 個なので，中央値は，25 番目の値と 26 番目の値の平均である。
15m 以上 20m 未満の階級の累積度数は，
1＋8＋15＝24（人）で，20m 以上 25m 未満の階級の累積度数は，24＋17＝41（人）だから，25 番目の値も 26 番目の値も 20m 以上 25m 未満の階級に入っている。よって，中央値が入っている階級は 20m 以上 25m 未満の階級である。

イ…A 中学校の最大値が入っている階級は 30m 以上 35m 未満の階級，B 中学校の最大値が入っている階級は 35m 以上 40m 未満の階級である。

ウ…A 中学校のヒストグラムで，最も度数が多い階級は，15m 以上 20m 未満の階級だから，最頻値は，$\dfrac{15＋20}{2}＝17.5$（m）

エ…B 中学校の 25m 以上 30m 未満の階級の相対度数は，$\dfrac{6}{50}＝0.12$

オ…A 中学校の 15m 以上 20m 未満の階級の累積相対度数は，$\dfrac{3＋17＋26}{100}＝0.46$

補習問題

1 ア…階級の幅は，どちらのヒストグラムも 2 冊である。

イ…4 月の最頻値は，$\dfrac{2＋4}{2}＝3$（冊）で，5 月の最頻値は，$\dfrac{6＋8}{2}＝7$（冊）である。

ウ…データの個数は 30 個なので，中央値は，15 番目の値と 16 番目の値の平均である。
4 月について，2 冊以上 4 冊未満の階級の累積度数は，6＋11＝17（人）だから，4 月の中央値は 2 冊以上 4 冊未満の階級に入っている。
5 月について，4 冊以上 6 冊未満の階級の累積度数は，3＋3＋7＝13（人），6 冊以上 8 冊未満の階級の累積度数は，13＋10＝23（人）だから，5 月の中央値は 6 冊以上 8 冊未満の階級に入っている。

エ…度数の合計が 30 人で同じだから，4 冊以上 6 冊未満の階級の度数が大きいほうが，相対度数も大きくなる。

オ…4 月について，借りた冊数が 6 冊未満の人数は，
6＋11＋8＝25（人）
5 月について，借りた冊数が 6 冊未満の人数は，
3＋3＋7＝13（人）

55 箱ひげ図を読み取る問題

本冊
p.117 ～ 118

解答

❶ ア　　**❷** ウ　　**❸** イ　　**❹** イ, エ

- 補習問題 -
1 ア, エ

解説

❷ ア…数学の第 1 四分位数は 50 点である。

イ…数学も英語も最大値は 100 点未満だから，合計得点が 200 点である生徒はいない。

ウ…英語の最小値は 20 点だから，20 点である生徒が必ずいる。

❸ ア…箱ひげ図から平均値を読み取ることはできない。

イ…第 3 四分位数は，箱の部分の右側の値になる。

ウ…数学と英語の第 2 四分位数はどちらも 60 点である。データの個数が奇数個なので，数学，英語のどちらの教科においても，60 点をとった生徒がいるが，これが同じ生徒であるとは限らないので，合計得点が 120 点である生徒が必ずい

るかどうかはわからない。

エ…数学の得点40点は，範囲には入っているが，得点が40点である生徒が必ずいるかどうかはわからない。

❹ ア…箱ひげ図から平均値は読み取れない。

イ…数学の四分位範囲は，80−50＝30（点），英語の四分位範囲は，70−45＝25（点）である。

ウ…考えられる数学と英語の最も高い合計得点は，それぞれの最大値の和である，90＋80＝170（点）であるが，数学が90点の生徒が，英語が80点であるかどうかはわからない。

エ…生徒の数が35人だから，第3四分位数の80点は，得点の高いほうから9番目の生徒の得点である。

補習問題

1 ア…四分位範囲は，第3四分位数から第1四分位数をひいた値で，箱ひげ図の箱の長さで表される。箱の長さはA組よりもB組のほうが長い。

イ…最大値はB組よりもA組のほうが大きい。

ウ…A組の第3四分位数を表す箱の部分の右側の値は，B組の第2四分位数を表す箱の中にある縦線の値より小さい。

エ…生徒数が40人だから，最小値から第1四分位数まで，第1四分位数から第2四分位数まで，第2四分位数から第3四分位数まで，第3四分位数から最大値までには，それぞれデータが10個ずつ入っている。A組の第3四分位数は12点よりも小さいから，12点以上の生徒の人数は10人以下である。B組の第2四分位数は12点だから，12点以上の生徒の人数は20人以上である。

56 カードを使った確率の問題 本冊
p.119〜120

解答

❶ 5通り ❷ 15通り ❸ 11通り ❹ $\dfrac{11}{15}$

- 補習問題 -

1 $\dfrac{2}{5}$ 2 $\dfrac{2}{5}$

解説

❶ もう1枚のカードに書かれている数字は，2，3，4，

5，6の5通り。

❷❸ 次の樹形図のように，2枚のカードの引き方は全部で15通り。このうち，2つの数の公約数が1しかないのは，○をつけた場合の11通りである。

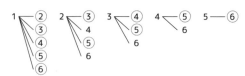

❹ 2枚のカードを同時に引いたとき，起こりうる場合は15通りで，引いたカードに書いてある2つの数の公約数が1しかない場合は11通りだから，

求める確率は，$\dfrac{11}{15}$

補習問題

1 下の樹形図のように，できる2けたの整数は全部で20通りである。このうち，偶数になるのは，○をつけた8通りだから，求める確率は，$\dfrac{8}{20}=\dfrac{2}{5}$

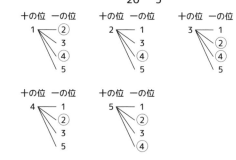

2 カードに書かれた3つの数を(a, b, c)と表すと，3枚のカードの取り出し方は，

(1, 2, 3)，(1, 2, 4)，(1, 2, 5)，(1, 3, 4)，
(1, 3, 5)，(1, 4, 5)，(2, 3, 4)，(2, 3, 5)，
(2, 4, 5)，(3, 4, 5)の10通り。このうち，数の和が3の倍数となるのは，下線を引いた4通りだから，

求める確率は，$\dfrac{4}{10}=\dfrac{2}{5}$

57 さいころを使った確率の問題 本冊
p.121〜122

解答

❶ 36通り ❷ ある，$b=6$ ❸ ない ❹ 5通り

❺ $\dfrac{5}{36}$

- 補習問題 -

1 $\dfrac{1}{12}$ 2 $\dfrac{2}{9}$

解説

❷ $10a+b$ に $a=1$ を代入すると，$10+b$
b は 1 から 6 までの数だから，$10a+b$ の値は，11 から 16 までの整数である。このうち，8 の倍数は 16 だから，このときの b の値は，$10+b=16$ より，$b=6$
❸ $10a+b$ に $a=4$ を代入すると，$40+b$
b は 1 から 6 までの数だから，$10a+b$ の値は，41 から 46 までの整数である。この中に 8 の倍数はないから，$a=4$ のとき，$10a+b$ の値が 8 の倍数となることはない。
❹ $a=2$ のとき，$10a+b$ の値は，21 から 26 までの整数である。このうち，8 の倍数は 24 で，このときの b の値は 4
$a=3$ のとき，$10a+b$ の値は，31 から 36 までの数である。このうち，8 の倍数は 32 で，このときの b の値は 2
$a=5$ のとき，$10a+b$ の値は，51 から 56 までの数である。このうち，8 の倍数は 56 で，このときの b の値は 6
$a=6$ のとき，$10a+b$ の値は，61 から 66 までの数である。このうち，8 の倍数は 64 で，このときの b の値は 4
よって，$10a+b$ の値が 8 の倍数になるのは 5 通り。
❺ さいころの目の出方は全部で 36 通りで，$10a+b$ の値が 8 の倍数になるのは 5 通りだから，

求める確率は，$\dfrac{5}{36}$

補習問題

① さいころを 2 回投げるときの目の出方は全部で 36 通り。さいころの出た目の数を $(a,\ b)$ と表すと，$\dfrac{a}{b}=2$ となるのは，$(2,\ 1)$，$(4,\ 2)$，$(6,\ 3)$ の 3 通り。

よって，求める確率は，$\dfrac{3}{36}=\dfrac{1}{12}$

② 2 個のさいころを投げるときの目の出方は全部で 36 通り。十の位の数と一の位の数がともに 1 以上 6 以下である 2 けたの素数は，11，13，23，31，41，43，53，61 の 8 個である。

よって，求める確率は，$\dfrac{8}{36}=\dfrac{2}{9}$

---

58 玉を使った確率の問題

本冊
p.123 ～ 124

解答

❶ 3 通り　❷ 3 通り　❸ 6 通り　❹ 9 通り

❺ 4 通り　❻ $\dfrac{4}{9}$

- 補習問題 -

① $\dfrac{4}{9}$　　② $\dfrac{1}{4}$

解説

赤玉を❶，❷，白玉を③とし，取り出した場合を $(1$ 回目，2 回目$)$ と表す。
❶ 1 回目に取り出す 1 個の玉の取り出し方は❶，❷，③の 3 通り。
❷ 1 回目に取り出したのが白玉だから，2 個の玉の取り出し方は，$(③,\ ❶)$，$(③,\ ❷)$，$(③,\ ③)$ の 3 通り。
❸ 1 回目に取り出したのが赤玉だから，2 個の玉の取り出し方は，$(\underline{❶,\ ❶})$，$(\underline{❶,\ ❷})$，$(❶,\ ③)$，$(\underline{❷,\ ❶})$，$(\underline{❷,\ ❷})$，$(❷,\ ③)$ の 6 通り。
❹ ❷，❸より，$3+6=9$（通り）
❺ ❸で，下線を引いた 4 通り。
❻ 求める確率は，$\dfrac{4}{9}$

補習問題

① 玉の取り出し方は全部で 9 通り。取り出した玉の色を $(1$ 回目，2 回目$)$ と表すと，1 回だけ赤玉が出るのは，$(赤,\ 白)$，$(赤,\ 青)$，$(白,\ 赤)$，$(青,\ 赤)$ の 4 通り。

よって，求める確率は，$\dfrac{4}{9}$

② 玉の取り出し方は全部で 16 通り。取り出した玉の色を $(1$ 回目，2 回目$)$ と表すと，白玉が 1 回も出ないのは，$(赤,\ 赤)$，$(赤,\ 青)$，$(青,\ 赤)$，$(青,\ 青)$ の 4 通り。

よって，求める確率は，$\dfrac{4}{16}=\dfrac{1}{4}$

---

59 標本調査

本冊
p.125 ～ 126

解答

❶ $(x+100)$ 個　❷ イ　　　❸ 4：1
❹ イ　　　❺ およそ 400 個

- 補習問題 -
① およそ 150 個　② およそ 620 個

解説

❶ はじめに箱の中に入っていた赤玉の個数は x 個で，加えた白玉の個数は 100 個だから，赤玉の個数と白玉の個数の合計は，$x+100$(個)

❷ 無作為に抽出した玉の個数と無作為に抽出した玉に含まれていた白玉の個数の比は，白玉 100 個を入れたあとの箱の中の玉の個数の合計と加えた白玉の個数の比に等しいと考えられるから，$(x+100):100=20:4$ となる。

❸ 20 個の玉のうち 4 個が白玉だから，赤玉は，
$20-4=16$(個)
よって，赤玉の個数と白玉の個数の比は，$16:4=4:1$

❹ はじめに箱の中に入っていた赤玉の個数と加えた白玉の個数は，無作為に抽出した赤玉の個数と無作為に抽出した白玉の個数の比に等しいと考えられるから，
$x:100=16:4$ となる。

❺ $(x+100):100=20:4$ より，$4x+400=2000, x=400$
よって，はじめに入っていた赤玉の個数は，およそ 400 個と考えられる。❹ の比例式 $x:100=16:4$ から x の値を求めてもよい。

補習問題

1 袋の中に入っている 500 個の碁石のうち，白い碁石の個数を x 個とする。

袋の中の 500 個の碁石に含まれている白い碁石の個数と袋の中に入っているすべての碁石の個数の比は，無作為に抽出した碁石に含まれている白い碁石の個数と無作為に抽出した碁石の個数の比に等しいと考えられるから，
$x:500=18:60, 60x=9000, x=150$
よって，含まれている白い碁石の数はおよそ 150 個と考えられる。

2 はじめに箱の中に入っていた白玉の個数を x 個とする。

黒玉 50 個を入れたあとの箱の中の玉の個数の合計と加えた黒玉の個数の比は，無作為に抽出した玉の個数と無作為に抽出した玉に含まれていた黒玉の個数の比に等しいと考えられるから，
$(x+50):50=40:3, 3x+150=2000,$
$x=616.6\cdots$
よって，はじめに箱の中に入っていた白玉の個数は，およそ 620 個と考えられる。